In tausend Formen magst du dich verstecken –

Goethe und die Pflanzenwelt

Dr. Stefan Schneckenburger
Botanischer Garten der
Technischen Universität Darmstadt

Begleitheft zur Ausstellung anlässlich des GOETHE-Jahres 1999
im Palmengarten der Stadt Frankfurt am Main

Gewidmet Angelika, Manuel, Nicolas und Simon

SONDERHEFT 29

PalmenGarten
Pflanzen. Leben. Kultur.

Herausgeberin: Stadt Frankfurt am Main

Palmengarten der Stadt Frankfurt am Main
Siesmayerstraße 61
D-60323 Frankfurt am Main
Telefon 0 69/212-3 33 83
Telefax 0 69/212-3 78 56

Dezernat für Umwelt, Energie und Brandschutz

Verantwortlich: Dr. Matthias Jenny

Technische Gesamtherstellung: Hassmüller KG Graphische Betriebe, Berner Straße 12, 60314 Frankfurt am Main

Für den Inhalt ist der Autor verantwortlich

Anschrift des Autors:
Dr. Stefan Schneckenburger
Botanischer Garten der TU Darmstadt
Schnittspahnstraße 5
64287 Darmstadt

Titelbild: Ginkgo biloba von Maria-Therese Tietmeyer

ISBN: 3-931621-05-7
ISSN: 0946-560X

PalmenGarten
Pflanzen. Leben. Kultur.

Einsicht ist überall willkommen

GOETHES Bedeutung als Botaniker wird oft unterschätzt, manchmal aber auch überschätzt. Dabei wird immer wieder vergessen, auf welchem Wissensstand die „scientia amabilis", die „liebliche Wissenschaft" damals war. CARL VON LINNÉ hatte eben ein „Schubladensystem" geschaffen, in das alle Lebewesen eingeordnet werden konnten. Jede Tier- und jede Pflanzenart wurde dabei als in sich abgeschlossen beschrieben, bestimmt und anhand künstlicher und starrer Kriterien eingeordnet. Das System an sich hat sich nicht halten können, von unschätzbarem Wert für die Biologie sind aber bis zum heutigen Tag seine Nebenprodukte: Allgemein gültige Regeln zur Beschreibung von Pflanzen und Tieren und strenge Regeln für die Namensgebung.

Es ist nicht erstaunlich, daß der Grenzensprenger GOETHE mit dem starren System LINNÉS wenig anfangen konnte. KARL FRIEDRICH ZELTER schrieb er nach Berlin: „Ich habe unendlich viel von ihm (LINNÉ) gelernt, nur nicht Botanik."

DARWINS Erkenntnisse „vom Ursprung der Arten" wurden erst 1859 publiziert; GOETHE lebte also in einer Zeit, in der an Verwandtschaften zwischen den verschiedenen Tieren oder gar den Pflanzen kaum gedacht wurde, geschweige denn an eine Abstammungsgeschichte. Trotzdem war Entwicklung und Verwandtschaft ein Thema, das ihn besonders interessierte. Die Entwicklung von Strukturen und deren gemeinsamer Ursprung prägten seine Gedanken zur Metamorphose der Pflanzen: „Alle Gestalten sind ähnlich, und keine gleichet der andern". Bis ins 20. Jahrhundert beschäftigen sich Morphologen mit den Grundorganen der Pflanze. Was GOETHE, der auf seiner Italienreise die Erkenntnis gewann: „Alles ist Blatt", und einige wenige seiner Zeitgenossen erstmals vermutet haben, daß Blüten aus Blattorganen bestehen könnten, ist heute längst Bestandteil jedes Lehrbuchs.

In Dr. STEFAN SCHNECKENBURGER haben wir einen Verehrer Goethes gefunden, der als promovierter Botaniker die Stärken und Schwächen des dilettierenden Dichterfürsten würdigen und darüber hinaus den Bezug zu den morphologischen und systematischen Erkenntnissen der heutigen Botanik herstellen kann. Seit über 20 Jahren beschäftigt sich SCHNECKENBURGER, als „Enkel" TROLLS, eines der bedeutendsten Morphologen dieses Jahrhunderts, mit GOETHES bleibenden Ideen zur Gestalt der Pflanzen.

„Einsicht ist überall willkommen", war das Motto des Dichters und Naturwissenschaftlers GOETHE, der auch in seinen langen Jahren in Weimar seine Heimatstadt nie ganz aus den Augen verlor. Mit Blick auf das Naturmuseum Senckenberg, mit dem der Palmengarten seit jeher eng verbunden ist, forderte GOETHE naturwissenschaftliches Denken und Forschen ein. Denn: „Der Freien Stadt Frankfurt geziemt es, von allen Seiten zu glänzen und nach allen Seiten hin thätig zu seyn." In diesem Sinne hoffen wir, mit der Ausstellung ‚In tausend Formen magst du dich verstecken' einen ersten Glanzpunkt zum Goethejahr 1999 zu setzen.

MATTHIAS JENNY
Palmengarten der Stadt Frankfurt am Main

Inhalt

Goethe und die Naturwissenschaften

„Die Natur ergibt sich nicht einem jeden. Sie erweist sich vielmehr gegen viele wie ein neckisches junges Mädchen, das uns durch tausend Reize anlockt, aber in dem Augenblick, wo wir es zu fassen und zu besitzen glauben, unseren Armen entschlüpft".

Goethe zu Eckermann, 1831

Goethes naturwissenschaftliche Interessen waren sehr weitgespannt und gingen, wie das untenstehende Zitat aus dem Jahre 1824 belegt, fast immer von praktischen Fragestellungen wie auch von Notwendigkeiten aus, die sich aus seinen dienstlichen Aufgaben als Regierungsmitglied in Weimar ergaben. So war beispielsweise die Wiederaufnahme des Bergbaus im etwa 50 km von Weimar entfernten Ilmenau im Thüringer Wald und die hierfür selbst durchgeführten und beauftragten Untersuchungen wichtige Wurzeln seiner mineralogischen und geologischen Interessen. An Kanzler von Müller schrieb der 75jährige 1824: „Ich kam höchst unwissend in allen Naturstudien nach Weimar, und erst das Bedürfnis, dem Herzog bei seinen mancherlei Unternehmungen, Bauten, Anlagen, praktische Ratschläge geben zu können, trieb mich zum Studium der Natur. Ilmenau hat mir viel Mühe und Geld gekostet, dafür habe ich auch etwas dabei gelernt und mir eine Anschauung der Natur erworben, die ich um keinen Preis umtauschen möchte".

Daneben stehen vielfältige Beschäftigungen mit Klimatologie, Optik (hier besonders die breit angelegte Farbenlehre) sowie Zoologie und Botanik (vgl. z. B. Krätz 1998). In der Zoologie gelang Goethe übrigens der Nachweis der Existenz des Zwischenkieferknochens (Os intermaxillare) am menschlichen Schädel. Diese Entdeckung wurde in diesen Jahren mehrfach gemacht; Goethe gelang sie aber völlig unabhängig von anderen. Den Zwischenkieferknochen sprach man bis zu diesem Zeitpunkt nur dem tierischen Schädel zu; sein Fehlen beim Menschen galt als eines der diesen vom Tierreich trennenden Merkmale. Diese Entdeckung stellte natürlich die damals angenommene, von den Elementen und Mineralien über Pflanzen und Tiere bis zum Menschen reichende, geordnete Stufenleiter der Natur in Frage.

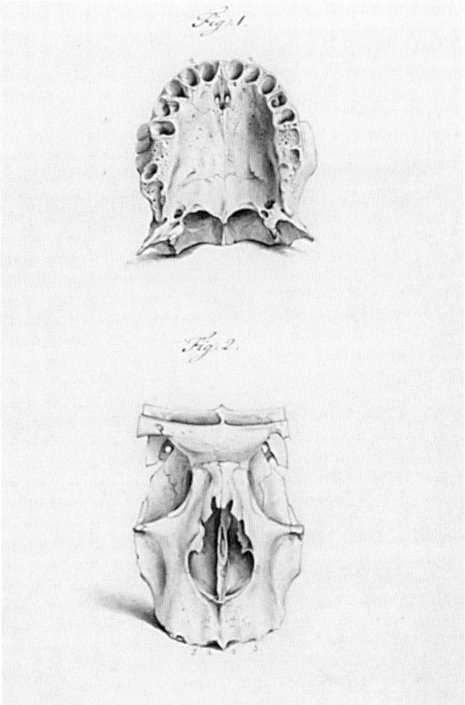

Abb. 1: Zwischenkieferknochen (Os intermaxillare) beim Menschen von unten (oben) und von oben (unten; Stiftung Weimarer Klassik, Goethe- und Schiller-Archiv Goethe LVI 1; Aufnahme: S. Geske).

Neben der Breite der Interessen ist besonders die Intensität der Studien und die ständige Präsenz GOETHES bemerkenswert. So notierte er 1792 im Verlauf des Feldzugs in Frankreich während des Bombardements der Stadt Verdun Beobachtungen zur Farbenlehre, um nur eines der zahlreichen Beispiele herauszugreifen.

Fast lebenslang beschäftigte sich GOETHE mit den botanischen Wissenschaften. Seine Bibliothek war reich an botanischen Schriften, sein Herbarium umfangreich und seine Kontakte weitgespannt. In seinen wissenschaftlichen Studien beschäftigte er sich besonders mit der Gestalt der Pflanzen. So gilt er als Entdecker der Metamorphose der Pflanzen und in gewisser Weise als Begründer der wissenschaftlichen Morphologie. Daneben war GOETHE als Garten- und Pflanzenfreund der „Scientia amabilis". der „liebenswerten Wissenschaft" Botanik auch von der praktischen Seite aus herzlich zugetan und lebenslang für sie zu begeistern. Beide Aspekte – wissenschaftliche Botanik wie Liebhaberei – sollen nachfolgend vorgestellt werden.

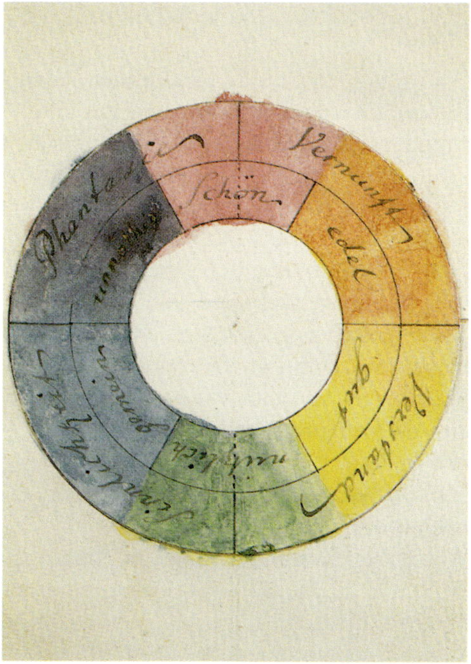

Abb. 2: Farbenkreis zur Symbolisierung des menschlichen Geistes- und Seelenlebens, der im Zusammenhang mit den Arbeiten an der Farbenlehre entstand. Aquarellierte Federzeichnung GOETHES (Freies Deutsches Hochstift – Frankfurter Goethe Museum; Aufnahme: ROLF LENZ).

Teil I: GOETHE als Botaniker

Im ersten Teil soll der wissenschaftliche Botaniker GOETHE vorgestellt werden. Hier stehen seine persönliche Geschichte und die „Geschichte seiner botanischen Studien" (so ein Titel einer seiner Publikation zum Thema), seine Untersuchungsobjekte, die ihm zur Verfügung stehenden Mittel wie Herbarium und Bibliothek, seine wissenschaftlichen Erkenntnisse, deren Veröffentlichung und Wirkung sowie seine zahlreichen Gesprächspartner auf diesem Gebiet im Mittelpunkt.

I.1 Lebensdaten JOHANN WOLFGANG VON GOETHES mit besonderer Berücksichtigung seiner botanischen Aktivitäten

Zunächst soll anhand der Lebensdaten GOETHES ein knapper Überblick über seine Aktivitäten auf botanischem Gebiet gegeben werden:

1749	28. 8. geboren in Frankfurt am Main
1765/68	Studium in Leipzig
1768/70	Aufenthalt in Frankfurt am Main
1770/71	Studium und Promotion in Straßburg
1772	Aufenthalt in Wetzlar
1773/75	Anwaltstätigkeit in Frankfurt am Main
1775	Mai bis Juli: Reise in die Schweiz November: Ankunft in Weimar auf Einladung des Herzogs CARL AUGUST (1757 – 1828)
1776	Ernennung zum Mitglied des Geheimen Rats; Untersuchungen zur Wiederaufnahme des Bergbaus in Ilmenau; Bezug des Gartenhauses am Stern
1777	November bis Dezember: Harzreise
ab 1777	Kauf einer Reihe botanischer Werke
1779	Übernahme der Kriegs- und Wegebaukommission
1780	Zweite Reise in die Schweiz mit intensiven Naturbeobachtungen; Anschaffung eines Herbars
1784	Entdeckung des Zwischenkieferknochens am menschlichen Schädel
1785	Botanische Studien, besonders zur Keimung; Feldstudien anläßlich einer dienstlichen Reise nach Ilmenau; erste Karlsbader Reise mit der botanischen Assistenz FRIEDRICH GOTTLIEB DIETRICHS (1765 – 1850)
1786	Intensive Beschäftigung mit der Botanik: „Das Pflanzenreich rast wieder einmal in meinem Gemüte" (September 1786 an HERDER)
bis Juni 1788	Reise nach Italien; Entdeckung des „urpflanzlichen Typus"

1788	Entlastung von den Regierungsgeschäften; Verbindung mit CHRISTIANE VULPIUS (1765 – 1816)
1790	Publikation der Schrift „Versuch die Metamorphose der Pflanzen zu erklären"; Studien zu Botanik, Anatomie, Optik
1794	Gründung eines neuen Botanischen Gartens in Jena; Beginn der engen Beziehung zu SCHILLER (1759 – 1805); Versuch, den Hausgarten am Frauenplan teilweise als systematisch-botanischen Garten umzugestalten
1798	Elegie „Die Metamorphose der Pflanzen"
ab 1803	Oberaufsicht über die naturwissenschaftlichen Institute der Universität Jena
1814	Reise an Rhein und Main; MARIANNE VON WILLEMER (1774 – 1860)
1815	Erneute Reise an Rhein und Main; Gedicht „Ginkgo biloba"
1817	Zeitschrift „Zur Naturwissenschaft überhaupt, besonders zur Morphologie" (bis 1824); zweite Veröffentlichung der Metamorphoseschrift; Untersuchungen zur Spiraltendenz (in Kontakt mit CARL F. PH. VON MARTIUS (1794 – 1868))
1829	Beginn der internationalen Wirksamkeit mit der Veröffentlichung einer französischen Übersetzung der Metamorphoseschrift
1831	„Der Verfasser teilt die Geschichte seiner botanischen Studien mit", Veröffentlichung einer in Zusammenarbeit mit dem Prinzenerzieher FRÉDÉRIC J. SORET (1795 – 1865) entstandenen französischen Übersetzung der Metamorphoseschrift
1832	14. 3. letzte Ausfahrt, 16. 3. Erkrankung, 22.3. Tod

I.2 Geschichte der Beschäftigung GOETHES mit Botanik

Gegen Ende seines Lebens schrieb GOETHE eine recht ausführliche und in einigen Passagen wohl auch idealisierte Darstellung unter dem Titel „Der Verfasser teilt die Geschichte seiner botanischen Studien mit". Im Schlußabschnitt der 1831 erschienenen Betrachtung hieß es im Hinblick auf Intensität und Dauer für den heutigen Leser etwas überraschend, aber dennoch ganz richtig: „Ich habe Gelegenheit gefunden, einen großen Teil meines Lebens mit Neigung und Leidenschaft auf Naturstudien zu verwenden". GOETHE war diese Fehleinschätzung durchaus bewußt; er schrieb im gleichen Zusammenhang: „Seit länger als einem halben Jahrhundert kennt man mich, im Vaterlande und wohl auch auswärts, als Dichter und läßt mich allenfalls für einen solchen gelten; daß ich aber mit großer Aufmerksamkeit mich um die Natur in ihren allgemeinen physischen und ihren organischen Phänomenen, emsig bemüht und ernstlich angestellte Betrachtungen stetig und leidenschaftlich im Stillen verfolgt, dieses ist nicht so allgemein bekannt, noch weniger mit Aufmerksamkeit bedacht worden".

Wie entwickelten sich nun GOETHES botanische Interessen? Am Anfang standen Berührungen mit dem Gartenbau und auch der Seidenraupenzucht während seiner Frankfurter Kindheit und der Besuch einiger naturwissenschaftlicher Lehrveranstaltun-

gen während des Studiums in Leipzig und Straßburg. Danach setzte erst wieder in Weimar eine Beschäftigung mit Pflanzen und später auch mit wissenschaftlicher Botanik ein. Anlaß waren einerseits die Übernahme des verwahrlosten Gartens am Stern, dienstliche Reisen als Mitglied der Regierung in die nähere und weitere Umgebung sowie Anregungen, die er von interessierten Gelehrten und Laien in Weimar empfing.

Besonders ist der Apotheker BUCHHOLZ sowie die Pflanzensammler- und Botanikerdynastie DIETRICH aus Ziegenhain zu nennen. Aus letzterer begleitete FRIEDRICH GOTTLOB DIETRICH (1765 – 1850) GOETHE auf mehreren Reisen. In seinen Erinnerungen beschrieb GOETHE, wie der junge Mann

Abb. 3: Im Botanischen Garten zu Padua empfing GOETHE eine Reihe überaus wichtiger Anregungen im Hinblick auf seine Metamorphoselehre. Gegründet im Jahre 1545, ist er der älteste Botanische Garten der Welt (Aufnahme: Botanischer Garten Padua).

neben der Kutsche herlief, ihm die gesammelten Pflanzen in den Wagen reichte und dabei die „LINNÉschen Namen" mitteilte. Der Grundstock seiner reichhaltigen botanischen Bibliothek wurde bereits in diesen frühen Jahren gelegt.

Inspirierend war für ihn auch die Lektüre der „allerliebsten" „Botanischen Lehrbriefe" des „einsiedlerischen Pflanzenfreunds" JEAN-JACQUES ROUSSEAU (1712–1778), insbesondere auch im Hinblick auf die Anlage eines Herbariums und der Vorstellung und Diskussion botanischer Fragen im Kreis interessierter Laien, die GOETHE längere Zeit praktizierte.

Eine unübersehbare Fülle von Anregungen, die ihn lebenslang inspirierten, empfing er auf seiner Reise nach Italien (1786/88), wo er eine wesentlich reichere Flora sowohl in der Natur als auch in Gärten kennenlernte und wo der für seine Botanik so charakteristische Metamorphosegedanke Gestalt gewann. Einen Höhepunkt bildete dann 1790 die Veröffentlichung der Schrift zur Metamorphose der Pflanzen.

Für das Zustandekommen der überaus fruchtbaren Zusammenarbeit Goethes mit Friedrich Schiller stand ebenfalls die Metamorphose Pate. Im Anschluß an eine Sitzung des naturwissenschaftlichen Vereins Jena knüpfte Schiller am 20.7.1794 ein Gespräch über die zerstückelnde Betrachtung der Natur durch die moderne Wissenschaft an. Es bleibt im Dunkeln, ob das Motiv Schillers zur Aufnahme dieses Gesprächs ganz uneigennützig war: er versuchte damals Goethe, der ihn vorher abweisend behandelt hatte, als Mitarbeiter für die von ihm geplante Zeitschrift „Horen" zu gewinnen und wußte natürlich um die Interessen des Umworbenen. In diesem Gespräch, das in Schillers Haus fortgesetzt wurde und über das Goethe 1817 in einem „Glückliches Ereignis" überschriebenen Aufsatz berichtete, wurden die verschiedenen Positionen deutlich. Goethe stellte einen von der Erfahrung ausgehenden Realismus dem Schillerschen Idealismus gegenüber.

In den nächsten Jahren wurde der eigene Garten am Frauenplan zeitweise nach systematischen Gesichtspunkten eingerichtet und dort wie in anderen Gärten geforscht und Beobachtungen gesammelt. Die Gründung und Förderung des Botanischen Gartens in Jena sowie die zahlreichen Aufenthalte dort und die Kontakte mit den Gartenleitern und Gärtnern illustrieren Goethes tiefes Interesse an der Pflanzenkunde. Weitreichende und langjährige Zusammenarbeit mit professionellen Botanikern und Naturforschern wie Nees von Esenbeck in Bonn, Martius in München oder Alexander von Humboldt sicherten Goethe den Zufluß an Neuigkeiten und führten zu für beide Seiten fruchtbaren und anregenden Diskussionen. Auch noch später wuchs seine umfangreiche naturkundliche Bibliothek. Eigene und von anderen Autoren verfaßte naturwissenschaftliche Aufsätze wurden ab 1817 in den „Heften zur Morphologie" veröffentlicht.

Bis zu seinem Tod blieb Goethe der „Scientia amabilis", der „Lieblichen Wissenschaft", wie die Botanik auch genannt wird, verbunden. So wurde noch 1831 eine von ihm mühevoll mitgestaltete französische Ausgabe der Metamorphoseschrift veröffentlicht. Ihre überaus freundliche Aufnahme in Frankreich rührte den Greis tief.

Abb. 4: In einem Brief aus Rom vom Juni 1787 an Charlotte von Stein ließ Goethe erkennen, daß er zumindest nahe an der Lösung der ihn beschäftigenden Probleme der Pflanzengestalt war (ab 6. Zeile): „Sag Herdern, daß ich dem Geheimnis der Pflanzenzeugung und Organisation ganz nah bin und daß es das Einfachste ist, was nur gedacht werden kann. … Mit diesem Modell und dem Schlüssel dazu kann man alsdann noch Pflanzen ins Unendliche erfinden, die konsequent sein müssen, das heißt, wenn sie auch nicht existieren, doch existieren könnten, und nicht etwa malerische oder dichterische Schatten und Scheine sind, sondern eine innerliche Wahrheit und Notwendigkeit haben (vgl. hierzu I.7; Stiftung Weimarer Klassik, Goethe- und Schiller-Archiv Corpus Vb 62; Aufnahme: S. Geske).

Im Rückblick resümierte GOETHE allerdings nachdenklich in einem Brief vom 27.2.1831 an seinen Freund Kanzler VON MÜLLER. „Ihr anderen habt es gut, ihr geht in den Garten, in den Wald, beschaut harmlos Blumen und Bäume, während ich überall nur an die Metamorphoselehre erinnert werde und mich mit dieser abquäle“.

I.3 Die naturwissenschaftlichen Schriften

Unter den naturwissenschaftlichen Schriften GOETHES nehmen die Arbeiten zur Farbenlehre den größten Raum ein. Daneben stehen eine Reihe von publizierten Arbeiten und Entwürfen zur Zoologie und Botanik sowie zur Geologie, Mineralogie und Klimatologie.

Die Schriften zur Naturwissenschaft wurden weitgehend in der berühmten, von 1887 bis 1919 veröffentlichen „Weimarer Ausgabe“ publiziert. Hier umfassen sie 14 der insgesamt 143 Bände der von Großherzogin SOPHIE VON SACHSEN in Auftrag gegebenen Ausgabe. Herausgeber der acht Bände zur Biologie, Geologie, Mineralogie und zur „Allgemeinen Naturlehre“ war RUDOLF STEINER (1861-1925), heute vor allem bekannt als Begründer der Anthroposophie.

Eine moderne und ausführlich erläuterte Ausgabe der naturwissenschaftlichen Schriften erscheint in elf Text- und bisher zehn Kommentarbänden, herausgegeben im Auftrag der „Deutschen Akademie der Naturforscher Leopoldina“ seit 1947. Hier sind alle veröffentlichten und unveröffentlichten Texte versammelt, versehen mit ausführlichen Kommentaren, Materialien und Zeugnissen aus anderen Werken und Briefen, die Entstehung und Hintergrund erläutern und

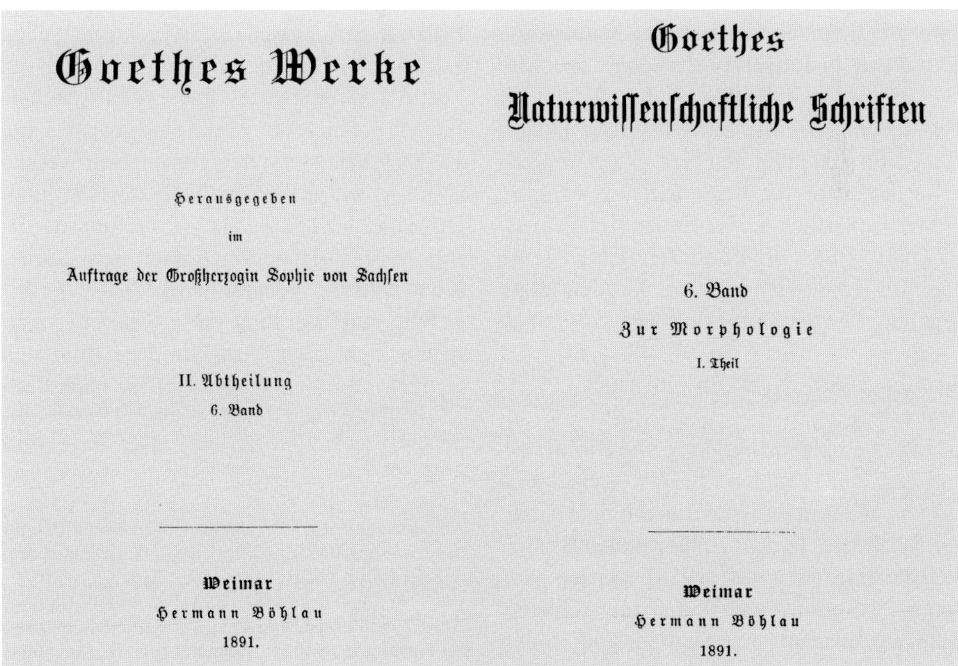
Goethes Werke

Herausgegeben

im

Auftrage der Großherzogin Sophie von Sachsen

II. Abtheilung

6. Band

Weimar

Hermann Böhlau

1891.

Goethes

Naturwissenschaftliche Schriften

6. Band

Zur Morphologie

I. Theil

Weimar

Hermann Böhlau

1891.

Abb. 5: Die 143 Bände der „Sophienausgabe“ erschienen zwischen 1887 und 1913. 14 Bände sind den Naturwissenschaften gewidmet.

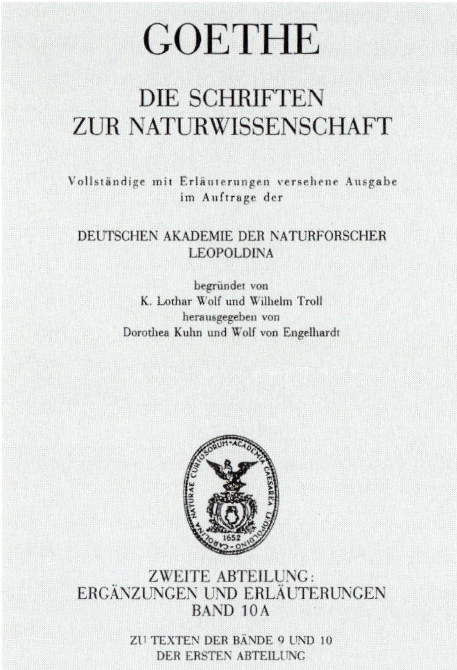

GOETHE

DIE SCHRIFTEN
ZUR NATURWISSENSCHAFT

Vollständige mit Erläuterungen versehene Ausgabe
im Auftrage der

DEUTSCHEN AKADEMIE DER NATURFORSCHER
LEOPOLDINA

begründet von
K. Lothar Wolf und Wilhelm Troll
herausgegeben von
Dorothea Kuhn und Wolf von Engelhardt

ZWEITE ABTEILUNG:
ERGÄNZUNGEN UND ERLÄUTERUNGEN
BAND 10A

ZU TEXTEN DER BÄNDE 9 UND 10
DER ERSTEN ABTEILUNG

durchsichtig machen. Unter den Mitbegründern dieser historisch-kritischen „Leopoldina-Ausgabe" war der Morphologe WILHELM TROLL (1897–1978); seine Schülerin DOROTHEA KUHN ist unter den Herausgebern und, neben anderem, für die Schriften zur Biologie verantwortlich. Diese finden sich in zwei schon 1954 und 1964 veröffentlichten Text- und vier Kommentarbänden, von den letztgenannten liegen bisher drei vor.

I.4 Botanische Werke in GOETHES Bibliothek

GOETHE besaß eine umfangreiche Bibliothek von fast 7000 Bänden, die fast vollständig auf uns gekommen ist und heute in Weimar verwahrt wird. In dem ausführlichen Bibliothekskatalog (RUPPERT 1958) werden von den 5424 Nummern 1238 den Sachgebieten Naturwissenschaft und Medizin und 38 der Land- und Forstwirtschaft zugeordnet. Zur Botanik im engsten Sinne gehören neben zahlreichen Katalogen und Verzeichnissen knapp 150 Einzeltitel. Die ersten Anschaffungen botanischer Werke sind für die Jahre 1778/79 belegt, wo neben mehreren Werken CARL VON LINNÉS auch CARL FRIEDRICH DIETERICHS (1734–1805; Professor in Erfurt) „Das Pflanzenreich nach dem Linnéschen System" genannt wird.

Wie wichtig ihm diese Literatur war, zeigte sich darin, daß in dem schmalen Gepäck, das ihn auf seiner Reise nach Italien begleitete, auch zwei Bücher LINNÉS ein-

Abb. 6 (links): Seit 1947 werden GOETHES Schriften zur Naturwissenschaft im Auftrag der „Deutschen Akademie der Naturforscher Leopoldina" herausgegeben.

Abb. 7 (rechts): Blick in GOETHES Bibliothek im Haus am Frauenplan (Stiftung Weimarer Klassik; Aufnahme: S. GESKE).

gepackt waren. Es handelte sich um die „Fundamenta Botanica“, die mit den „Termini Botanici“ des gleichen Autors zusammengebunden waren und um das systematische Werk „Genera Plantarum“ („Die Pflanzengattungen“), welches GOETHE zur Pflanzenbestimmung benutzte.

Weitere klangvolle Autorennamen, die im Bibliothekskatalog auffallen, sind ALEXANDER BRAUN, ROBERT BROWN, AUGUSTIN PYRAMUS DE CANDOLLE, AUGUST WILHELM DENNSTEDT, ALEXANDER VON HUMBOLDT und AIMÉ BONPLAND, NIKOLAUS VON JACQUIN, ANTOINE LAURENT DE JUSSIEU, CARL FRIEDRICH VON MARTIUS, CHRISTIAN GOTTFRIED NEES VON ESENBECK und FRIEDRICH SIEGMUND VOIGT.

Bei seinen zahlreichen Aufenthalten in Jena benutzte GOETHE daneben ausgiebig die Bibliothek der dortigen Universität mit ihrem reichen Bestand an botanischer Literatur, für deren Ausbau er auch verantwortlich war.

I.5 GOETHES Herbarium

In den Weimarer Sammlungen wird das umfangreiche Herbarium GOETHES aufbewahrt. Es umfaßt 1921 Nummern – einige davon erfassen mehrere Pflanzen –, die sich auf elf Teilsammlungen verteilen. Insgesamt sind etwa 1300 verschiedene Pflanzenarten belegt. Zu diesem Herbar gesellen sich noch etwa 500 weitere botanische Objekte wie Holzproben, Früchte, Samen und Monstrositäten, so daß es sich insgesamt, auch hinsichtlich ihres Umfangs, um eine für die damalige Zeit sehr bedeutsame Privatsammlung handelt (vgl. KAHLER 1970). Bedauerlicherweise sind in den Jahren zwischen GOETHES Tod 1832 und der ersten Inventarisierung 1912/14 doch einige Verluste eingetreten.

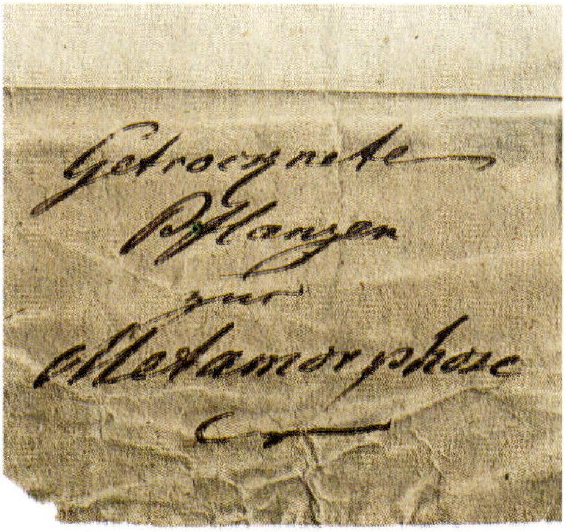

Abb. 8 : Mappe mit den „Getrockneten Pflanzen zur Metamorphose“. Eigenhändige Notiz GOETHES (Stiftung Weimarer Klassik, Goethe-Nationalmuseum, Goethes naturwissenschaftliche Sammlungen; Aufnahme: S. GESKE).

Diese Sammlungen dienten GOETHE zur Schaffung und Erweiterung seiner Pflanzenkenntnisse, zur Reflexion und Exemplifizierung seiner Gedanken zur Metamorphose sowie zum ständigen Überblick über das Pflanzenreich. Anregungen zur Anlage eines Herbariums fand GOETHE besonders bei ROUSSEAU, dem von ihm als „einsiedlerischen Pflanzenfreund“ bezeichneten Moralphilosophen und Schriftsteller Schweizer Herkunft: „Von ROUSSEAUS Bemühungen bring ich nur soviel nach, daß er eine sehr anmutige Sorgfalt für das Trocknen von Pflanzen und Anlegen von Herbarien beweist“.

Besonders bemerkenswert sind folgende Teile: 924 Nummern umfaßt ein nach dem künstlichen 24-Klassen-System LINNÉS geordnetes Herbarium, dessen Anschaffung eng mit den ersten botanischen Studien, die in die Anfangsjahre in Weimar fallen, verknüpft ist. GOETHE hat seinen Grundstock – „800 getrocknete Pflanzen“ – im Jahr 1780 gekauft, wie ein Rechnungsbeleg ausweist. Eine zweite größere Partie wurde 1785 er-

worben. Diese Sammlung diente GOETHE gewissermaßen als Generalherbarium, mit dessen Hilfe er sich in die systematische Botanik einarbeitete und seine Pflanzenkenntnisse erweiterte und ausbaute. Hilfe bei der Bestimmung der Pflanzen fand GOETHE bei verschiedenen Personen; besonders sind hier die Jenaer Botaniker A. J. K. BATSCH und, nach dessen frühem Tod 1802, F. S. VOIGT zu nennen. Beider Schriftzüge finden sich daher auf zahlreichen Belegen.

Eine Reihe von – teilweise namentlich nicht bekannten – Sammlern und Lieferanten war am weiteren Aufbau beteiligt, wie die handschriftlichen Notizen auf den Mappen belegen. Offenbar hat GOETHE selbst nur wenig gesammelt. Unter den Ausnahmen befinden sich einige Bögen mit Blättern der Zwergpalme (*Chamaerops humilis* L.), die er aus Italien mitgebracht hatte (vgl. II.1).

Eine weitere wichtige Teilsammlung stellen die 59 Nummern umfassenden Blätter

dar, die GOETHE in einer Mappe verwahrte, auf der er eigenhändig „Getrocknete Pflanzen zur Metamorphose“ vermerkt hatte. Es handelt sich überwiegend um Beispiele zur Blattfolge, d. h. zu der verschiedenen Ausbildung der Blätter an der Sproßachse von ihrer Basis bis hin zu den Blättern im floralen Bereich. (Abb. 8, 10).

Gleichwohl lassen sich auch in den anderen Teilsammlungen vielfache Beziehungen zur Metamorphosethematik aufzeigen.

Zu den anderen Teilsammlungen gehören eine weitere umfangreiche, ebenfalls im Sinne eines „Generalherbars“ zu deutende Sammlung von 647 Nummern, die nicht nach einem künstlichen, sondern nach dem natürlichen System JUSSIEUS geordnet waren, eine Reihe von kleineren Sammlungen mit Farnen, Moosen, Algen und Pilzen sowie, als Kuriositäten, einige Naturselbstdrucke und auf Wachs präparierte Pflanzen.

I.6 „Ich habe unendlich viel von ihm gelernt, nur nicht Botanik“ – GOETHE und LINNÉ

In der Frühzeit seiner Studien erwarb GOETHE die modernsten botanischen Werke seiner Zeit, nämlich die Schriften des schwedischen Naturforschers und Vaters der modernen Systematik CARL VON LINNÉ (CAROLUS LINNAEUS; 1707–1778). Im schmalen Gepäck für die Italienische Reise befand sich „sein Linné“ als hochgeschätztes Nachschlagewerk ebenfalls. Er schrieb im Rückblick: „LINNÉS „Philosophie der Botanik“ war mein tägliches Studium, und so rückte ich immer weiter vor in geordneter Kenntnis“.

Etwas anders klingt es in einem Brief vom 7.11.1816 an den Freund der späteren Jahre KARL FRIEDRICH ZELTER (1758–1832; Maurermeister, tätig als Musiker und Direktor der Singakademie in Berlin), in dem GOETHE diejenigen Personen aufzählt, die die größte Wirkung auf ihn hatten. Neben dem Philosophen SPINOZA (1632–1677) nennt er den Dichter SHAKESPEARE (1564–1616) und LINNÉ. Aber dann folgt der in der Überschrift zitierte Satz, daß er von letzterem eben keine Botanik gelernt habe.

Die herausragenden Leistungen des schwedischen Naturforscher lagen auf dem Feld der Systematik, vor allem in der Schaffung einer leistungsfähigen Nomenklatur, in der Schulung in scharfer Diagnostik und in sicherer Terminologie. In der Deutung der pflanzlichen Organe dagegen war er Vorstellungen verhaftet, über die wir heute lächeln. Auf der Suche nach Entsprechungen im Pflanzen- und Tierreich setzte er in seiner zu Anfang dieses Abschnitts erwähnten „Philosophia Botanica“ beispielsweise die Staubbeutel den Hoden und die Staubfäden den Samenleitern gleich. Auch faßte er morphologisch äußerst heterogene Organe wie Blätter (Hochblätter, Niederblätter), Blatteile (Nebenblätter) sowie Haare und Drüsen alle unter dem Begriff „fulcra“ (etwa als „Hilfsorgan“ zu übersetzen) zusammen. GOETHES Erkenntnis der Blattnatur der Blütenorgane bringt eine andere und heute noch akzeptier-

Abb. 9 (links oben): Herbarblatt des Mäusedorns (*Ruscus aculeatus* L.) aus dem Herbarium GOETHES. Rechts oben ist die Zugehörigkeit zur 22. Klasse im LINNÉschen System angegeben (Stiftung Weimarer Klassik, Goethe-Nationalmuseum, Goethes naturwissenschaftliche Sammlungen, Inv.Nr.: GN 863H; Aufnahme: S. GESKE).

Abb. 10 (links unten): Vom Giersch (*Aegopodium podagraria* L.) zeichnete GOETHE die Abfolge der Blätter. In seinen Notizen findet sich die Bemerkung: „Merkwürdige folia composita (= zusammengesetzte Blätter) des *Aegopodium podagraria* (Giersch), da die einzelnen foliola (= Blättchen) teils wieder Composita, teils mehr oder weniger eingekerbt oder gar einfach sich zeigen. Eine Sammlung davon zu machen“. Mit Feder nachgezeichnete und mit Tusche aquarellierte Bleistiftzeichnung GOETHES, 1806 (Stiftung Weimarer Klassik, Goethe-Nationalmuseum, Goethes Kunstsammlung, Inv.Nr.: 1912; Aufnahme: S. GESKE).

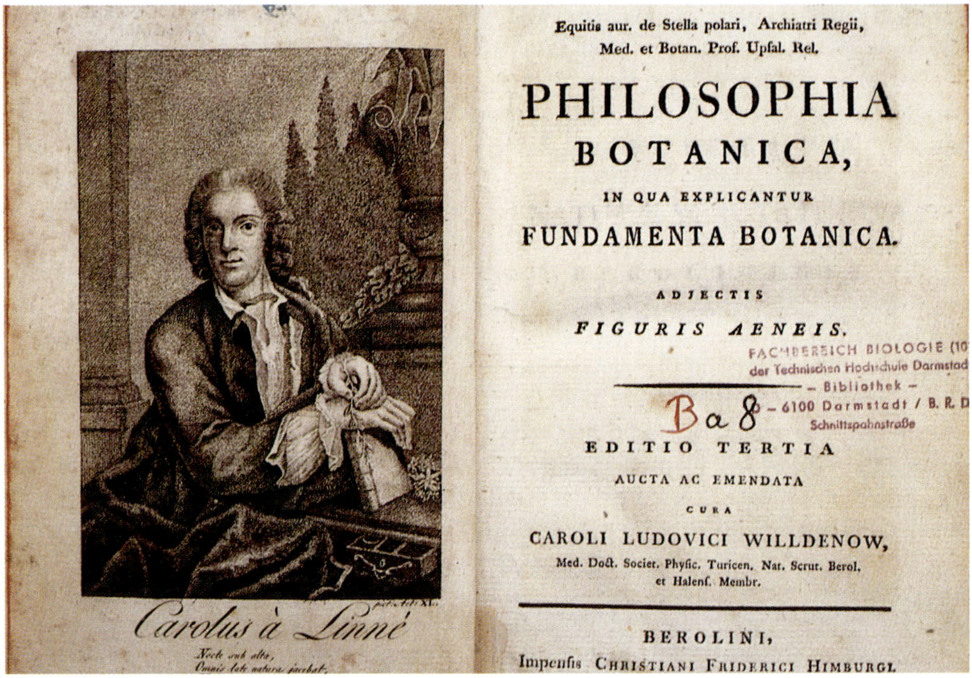

te Deutung und geht weit über die obskur anmutenden Vorstellungen Linnés hinaus. So findet sich der Begriff der „Metamorphose“ auch bei Linné. Allerdings werden unter diesem Begriff die verschiedensten Organe und Sonderbildungen wie krause Blattformen, Gallen und Mißbildungen zusammengefaßt. So ergibt sich eine außerordentlich vieldeutige Verwendung des Begriffs, der weit hinter der Goethe'schen genau definierten und präzisen Fassung zurückbleibt.

Goethe hat tatsächlich Nomenklatur und Systematik von Linné gelernt, die ihm aber im Tiefsten wegen ihrer zeitbedingten Starrheit fremd blieben. Goethes morphologische Studien hatten das Werden an der Pflanze zum Thema und durch die genaue Beobachtung des Geschehens gelangte er hier zu korrekten und zukunftsweisenden Erkenntnissen. Insofern hat Goethe mit seiner Einschränkung durchaus recht. Nicht unterschätzen darf man allerdings die durch Provokation anspornende Wirkung Linnés, die ihn zu eigenen Forschungen und letztlich zur Publikation seiner Ergebnisse anregte: „Indem ich sein scharfes, geistreiches Absondern, seine treffenden zweckmäßigen, aber oft willkürlichen Gesetze in mich aufzunehmen suchte, ging in meinem Innern ein Zwiespalt auf: das, was er mit Gewalt auseinanderzustreben suchte, mußte nach dem innersten Bedürfnis meines Wesens zur Vereinigung streben“. Diese Vereinigung gelang Goethe fernerhin in seinen Studien tatsächlich.

I.7 „Die Metamorphose der Pflanzen“ – Goethes botanisches Hauptwerk

Im Jahr 1790 erschien Goethes botanisches Hauptwerk unter dem Titel „J. W. von

Abb. 11: Titelblatt der „Philosophia Botanica“ Linnés von 1751 mit Portrait des Autors (Ausgabe Berlin, 1790; Bibliothek des FB Biologie der TU Darmstadt; Aufnahme: S. Schneckenburger).

GOETHE Herzoglich Sachsen-Weimarischen Geheimenraths Versuch die Metamorphose der Pflanzen zu erklären". In seinen „Annalen" auf dieses Jahr findet man die Notiz: „Die Metamorphose der Pflanzen ward als Herzenserleichterung geschrieben". Es ist reizvoll, die Veröffentlichungsgeschichte dieser Schrift nachzuzeichnen: GOETHE wollte seine Ergebnisse mit entsprechenden Abbildungen publizieren. Nach einer Bemerkung CAROLINE HERDERS begannen die Vorarbeiten bereits im August 1788: „Jetzt schreibt er sein Pflanzensystem auf". Direkt beeinflußt und unter Druck gesetzt wurde GOETHE dann durch die Ankündigung eines Buches von CHRISTIAN KONRAD SPRENGEL (1766–1833; Altphilologe und botanischer Autodidakt, Rektor des Gymnasiums in Spandau), das mit dem vorläufigen Titel „Versuch, die Konstruktion der Blumen zu erklären" für Ostern 1790 angezeigt worden war. Der endgültige Titel des erst 1793 erschienenen, als „Klassiker" und Grundlegung der Blütenökologie geltenden Werkes lautete dann aber „Das entdeckte Geheimnis der Natur im Bau und in der Befruchtung der Blumen" und hatte einen völlig von den Befürchtungen GOETHES abweichenden Inhalt. Der Arbeitstitel allerdings schreckte GOETHE auf, da er glaubte, SPRENGEL hätte ähnliche Entdeckungen wie er zu publizieren. Seinem Fürsten CARL AUGUST teilte er im November 1797 seine Bedenken mit: „Indessen bin ich auch angespornt worden,

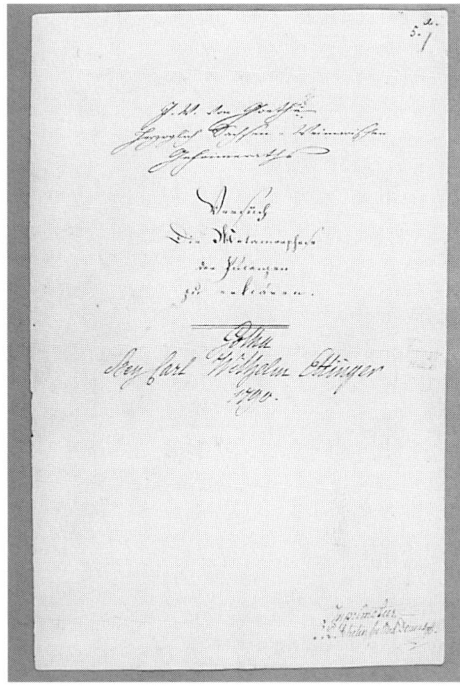

J. W. von Goethe

Herzoglich Sachsen-Weimarischen Geheimenraths

Versuch

die Metamorphose

der Pflanzen

zu erklären.

Gotha,

bey Carl Wilhelm Ettinger.

1790.

Abb. 12 (oben): Imprimaturblatt der Metamorphoseschrift von 1790. Erkennbar sind die Handschriften GOETHES (Angabe des Autors), des Schreibers PAUL GÖTZE (Titel) sowie des Verlegers CARL WILHELM ETTINGER (Stiftung Weimarer Klassik, Goethe- und Schiller-Archiv Sig.: Goethe Werke, LIV, 8; Aufnahme: S. GESKE).

Abb. 13 (unten): Faksimile der Titelseite des Erstdrucks der Metamorphoseschrift von 1790.

meine botanischen Ideen zu schreiben. Es hat den Schein, daß ein auf Ostern angekündigtes Buch mir zuvorkommen möchte. So will ich wenigstens zugleich kommen".

Obwohl die vorgesehenen Abbildungen noch nicht fertiggestellt waren, schritt GOETHE zur Veröffentlichung. Die Abhandlung sollte zuerst in dem renommierten Verlag von GEORG JOACHIM GÖSCHEN erscheinen, der zu dieser Zeit auch seine übrigen Werke betreute. Der Verleger sah den wirtschaftlichen Mißerfolg der kleinen Schrift voraus und lehnte die Publikation ab. In Gedanken an die Metamorphoseschrift teilte er einem Bekannten mit: „Ob ein GOETHE das Buch geschrieben hat, … darauf kann ich als Verleger keine Rücksicht nehmen; ein Krämer kann kein Mäzen sein". Der Verleger CARL WILHELM ETTINGER aus Gotha übernahm dann die Publikation, wohl mit dem Hintergedanken, auch das übrige Werk GOETHES verlegen zu können (Abb. 12, 13). Sowohl GÖSCHEN als auch ETTINGER verloren den prominenten Autor aber bald an JOHANN FRIEDRICH COTTA (1764–1832), eine der schillerndsten Verlegerpersönlichkeiten dieser Zeit (vgl. UNSELD 1993).

GOETHE bemerkte selbst bald einen großen Mangel seiner Schrift, der ihrer weiteren Verbreitung im Wege stand: es fehlten jegliche Abbildungen. Bald begann der Autor, die Arbeiten an einer illustrierten und erweiterten Ausgabe aufzunehmen. Zu einer solcher Veröffentlichung kam es jedoch nie, denn die vorbereiteten Platten für die vorgesehenen Kupferstiche waren schon zu seiner Lebenszeit verschollen. Zusammengerollt und in Papier eingewickelt fanden sich erst in unserem Jahrhundert die unter GOETHES Anleitung hergestellten Aquarelle zufällig im Postament eines Gipsabdrucks im Goethehaus. So blieben die Neuausgaben der Schrift, die GOETHE während seines Lebens noch zweimal besorgte (1817 und 1831), ohne Abbildungen.

Die Metamorphoseschrift war und ist eine Veröffentlichung für botanisch vorgebildete Leser, die unter anderem mit der Terminologie vertraut sein müssen und grundlegende Formenkenntnisse besitzen sollten. In diesem Sinn ist es auch nicht die zufällige Entdeckung eines laienhaften Naturforschers, sondern Ergebnis langwieriger und gründlicher Forschungen auf dem Boden der zeitgenössischen Wissenschaft.

Wie der Titel deutlich macht, war es GOETHES Anliegen, zu zeigen, daß die verschiedensten seitlichen Anhangsorgane, die vom Pflanzenkörper hervorgebracht werden, Modifikationen eines einzigen Organes, des Blattes nämlich, darstellen. In der „Italienischen Reise" findet sich hierzu GOETHES Bemerkung: „Mir war aufgegangen, daß in demjenigen Organ der Pflanzen, welches wir Blatt nennen, der wahre Proteus (also

ein wandlungsfähiger griechischer Meergott; S.SCHN.) verborgen liege, der sich in allen Gestaltungen verstecken und offenbaren könne". Hierzu zählen die Keimblätter, die Laubblätter, Hoch- und Niederblätter, sämtliche Blütenblätter wie Kelch-, Kron-, Staub-, Frucht- und Honigblätter, Knospenschuppen usw.

GOETHE analysierte und beschrieb die Wandlungen der Blätter im Lebenslauf der Blütenpflanzen anhand zahlreicher Beispiele, wobei er auch Mißbildungen wie durchwachsene oder gefüllte Blüten oder Übergangsbildungen zwischen Laub- und Blütenblättern einbezog. Als Erklärungsmodell dieser Verwandlungen zog GOETHE die damals gültige Säftelehre heran. Hiernach hat die unterschiedliche Zusammensetzung der Säfte eine veränderliche Organausprägung zur Folge.

Was bedeutet nun in diesem Zusammenhang „Metamorphose"? Dieser Begriff ist hier nicht im Sinne eines unmittelbar beobachtbaren Prozesses an ein und demselben Organ zu verstehen. So wandelt sich ein entwickeltes Laubblatt niemals in ein Staubblatt um. Metamorphose heißt vielmehr, daß man im Verlauf der Entwicklung der Pflanze an ihren Knoten das Organ „Blatt" in verschiedenster Gestalt als Keimblatt, Laubblatt, Blütenblatt oder Staub- bzw. Fruchtblatt beobachten kann. Die Gestaltvielfalt des Blattes innerhalb der gesamten Samenpflanzen ist nahezu unüberschaubar: so sind die Dornen der Kakteen umgewandelte Blätter ebenso wie die Fangschläuche der

Abb. 14 (links): Blätter einer gefüllten Blüte des Schlafmohns, die den stetigen Übergang von Kronblättern (oben links) bis zu Staubblättern (unten rechts) zeigen (Aufnahme: S. SCHNECKENBURGER).

Abb. 15 (oben): Primel- und Tulpenblüten (*Primula* spec., *Tulipa* spec.). Primelblüten einfach (Mitte) und gefüllt (rechts). Bei den Tulpen erkennt man Übergangsbildungen zwischen Laub- und Blütenblättern. (Kolorierter Kupferstich aus dem Portefeuille zur Metamorphose, um 1790/91, Stiftung Weimarer Klassik, Goethe- und Schiller-Archiv Sign.: Goethe 26, LIV, 8; Aufnahme: S. GESKE).

Kannenpflanzen (*Nepenthes*, *Sarracenia*). Blätter sind die winzigen Spelzen der Gräser ebenso wie die riesigen Blattorgane der Palmen, die einfachen bandförmigen Blätter einer *Amaryllis* ebenso wie die feinzergliederten Blätter des Fenchels oder des Dills.

Die bekannte Formulierung auf einem Notizzettel aus Italien „Alles ist Blatt und durch diese Einfachheit wird die größte Mannigfaltigkeit möglich" läßt vielleicht annehmen, GOETHE hätte in einem alles über einen Kamm scherenden Vereinigungswillen sämtliche Kategorien verwischt. Eine genaue Analyse der Metamorphoseschrift belehrt eines Besseren: das Trennen und Unterscheiden war gerade angesichts der Erkenntnis des Gemeinsamen eminent wichtig. An anderer Stelle belegt das auch eine Veröffentlichung aus dem Jahr 1789 im „Teutschen Merkur". Sein „Urfreund" KNEBEL hatte von Beobachtungen an gefrorenen Fensterscheiben berichtet und die Gebilde aus „Blättern, Zweigen, Ranken und sogar Rosen" zum Pflanzenreich gerechnet. GOETHE antwortete fast scharf: „Fängt man damit an, die Sachen gleich oder ähnlich zu finden, so kommt man leicht in den Fall, seiner Hypothese oder seiner Vorstellungsart zulieb Bestimmungen zu übersehen, wodurch sich die Dinge unterscheiden. ... die Gipfel der Reiche der Natur (Kristallisation, Vegetation und animalische Organisation; S.SCHN. mit den Worten GOETHES) sind entschieden voneinander getrennt und aufs deutlichste zu unterscheiden. Ein Salz ist kein Baum, ein Baum kein Tier ..." So kritisch wie GOETHE diesem „bequemen Mysti-

Abb. 16: Gefüllte Tulpenblüte von vorne (oben) und von hinten (unten). Die obere Abbildung zeigt Übergänge von Blüten- zu Staubblättern, die untere Übergänge von Laub- zu Blütenblättern. Aquarelle, vermutlich von J.C.W. WAITZ, 1795 (Stiftung Weimarer Klassik, Goethe-Nationalmuseum, Goethes Kunstsammlung, Inv.Nr.: 1760, 1763; Aufnahme: S. GESKE).

zismus, der seine Armut gern in einer respektablen Dunkelheit verbirgt" gegenüberstand, versuchte er auch in seinen eigenen Forschungen zu sein. Es soll keinesfalls bestritten werden, das sich eine Reihe von Fehlern, die oft genug zeitbedingt und durch den Mangel an geeigneten Untersuchungsgeräten erklärt werden können, markieren lassen, Ernsthaftigkeit und das Bemühen nach Wissenschaftlichkeit lassen sich GOETHE dagegen nicht absprechen. Viele Heutige sollten sich vielmehr die Warnung vor einem „bequemen Mystizismus", wie er zum Beispiel in der „New-Age-Bewegung" deutlich wird, stärker zu Herzen nehmen. Auf keinen Fall läßt sich hierfür GOETHE bemühen, wie es gelegentlich geschieht.

Hinweis: Da die Faksimileausgabe (Weinheim 1984) des Originaltextes nicht im strengen Sinn bebildert ist (sie enthält die Reproduktion einiger Originalaquarelle), sei den an der Lektüre des Textes Interessierten empfohlen, eine erläuternd illustrierte Ausgabe zur Hand zu nehmen. Am besten ist hierfür die in größeren öffentlichen Bibliotheken sicherlich vorhandene, von WILHELM TROLL 1926 (Neuausgabe 1932) besorgte und sorgfältig illustrierte Ausgabe der „Morphologischen Schriften" geeignet. Gerade Laien werden die zahlreichen Abbildungen der von GOETHE als bekannt vorausgesetzten Pflanzen und Details schätzen. Ein kompletter und ebenfalls mit Zeichnungen GOETHEs und Objekten aus seinen Sammlungen illustrierter Text findet sich in der Schrift „Alle Gestalten sind ähnlich – GOETHES Metamorphose der Pflanzen" von MARIE-LUISE KAHLER und GISELA MAUL (1. Aufl. 1991, 2. Aufl. 1999).

I.8 Übersetzungen

Anzeichen der Wertschätzung eines Werkes sind Übersetzungen in andere Sprachen. Zu GOETHES Lebzeiten erschienen sogar mehrere Übertragungen der Metamorphoseschrift. Die erste erstellte Baron GINGINS DE LASSARAZ, ein Schüler des Botanikers DE CANDOLLE, im Jahre 1829 in Genf. In seinem Exemplar wies GOETHE in Randnotizen auf Ungenauigkeiten und Auslassungen hin. Eine zweite Übersetzung wurde von dem in der Schweiz ausgebildeten FRÉDÉRIC JEAN SORET (1795 – 1865) erarbeitet. Dieser Naturforscher und Theologe war Prinzenerzieher in Weimar und stand ab 1822 in engem Kontakt zu GOETHE. Im Hinblick auf die Terminologie griff er auf die vorgenannte Übersetzung von GINGINS DE LASSARAZ zurück. In der Tradition der „Hefte zur Morphologie" enthielt das 1831 von COTTA (Stuttgart) publizierte Werk u.a. einen umfangreichen autobiographischen Beitrag des 82-jährigen GOETHE unter dem Titel „Der Verfasser teilt die Geschichte seiner botanischen Studien mit" sowie einen Überblick

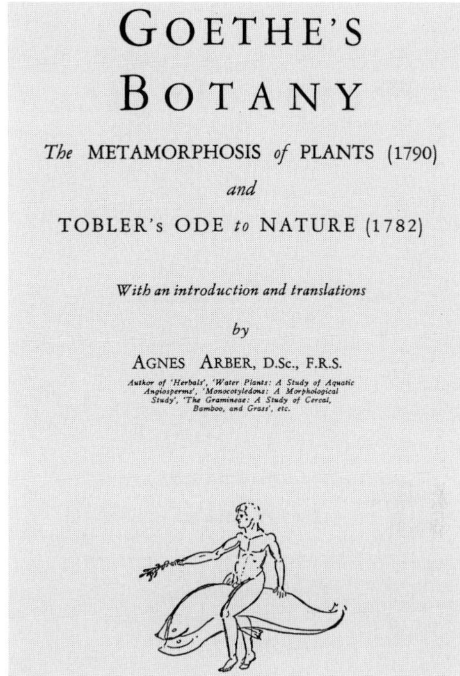
GOETHE'S BOTANY

The METAMORPHOSIS *of* PLANTS (1790)

and

TOBLER's ODE *to* NATURE (1782)

With an introduction and translations

by

AGNES ARBER, D.Sc., F.R.S.

Author of 'Herbals', 'Water Plants: A Study of Aquatic Angiosperms', 'Monocotyledons: A Morphological Study', 'The Gramineae: A Study of Cereal, Bamboo, and Grass', etc.

Abb. 17: Eine kommentierte englische Übersetzung der Metamorphoseschrift wurde 1946 von AGNES ARBER (1879–1960) veröffentlicht. Frau ARBER war eine der bedeutendsten Botanikerinnen unseres Jahrhunderts und wurde 1946 als dritte Frau in die renommierte „Royal Society" aufgenommen.

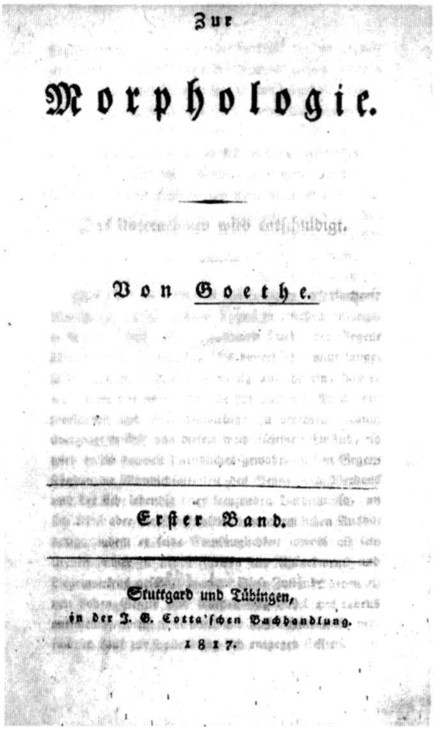
Zur

Morphologie.

Von Goethe.

Erster Band.

Stuttgart und Tübingen,
in der J. G. Cotta'schen Buchhandlung.
1817.

über die „Wirkung dieser Schrift“, der eine Reihe von Rezensionen der Metamorphoseschrift bzw. deren Zitierung in umfangreicheren Werken anderer Botaniker versammelte. Die französische Übersetzung SORETS wurde von dem greisen Autor mit Enthusiasmus aufgenommen und führte zu einer stärkeren Beachtung dieser Schrift im französischen Sprachraum.

Der Vollständigkeit halber soll angemerkt werden, daß C. F. MARTINS 1837 eine weitere Übersetzung dieser und anderer biologischer Schriften ins Französische vorlegte; eine italienische Fassung erschien 1842.

Eine erste englische Übersetzung erschien 1863 in den renommierten, noch heute fortgeführten „Annals of Botany“. Eine zweite wurde dann 1946 von AGNES ARBER, einer der angesehensten Botanikerinnen unseres Jahrhunderts, vorgelegt. Auch sie enthält ausführliche Erläuterungen.

I.9 Die „Hefte zur Morphologie“

In den Jahren zwischen 1817 und 1824 erschienen insgesamt 12 Hefte naturwissenschaftlicher Schriften, die GOETHE jeweils paarweise in zwei Reihen veröffentlichte. Eine Reihe enthielt Beiträge zur unbelebten Natur („Zur Naturwissenschaft überhaupt“) und die andere zu Botanik und Zoologie („Zur Morphologie“). Beide wurden zu zwei Bänden, umfassend die Hefte 1 bis 4 bzw. 5 und 6, zusammengefaßt. Ein Fortsetzung war geplant, kam aber nicht zustande.

GOETHE gab dieser Reihe den uns heute umständlich erscheinenden Titel: „Zur Naturwissenschaft überhaupt, besonders zur Morphologie. Erfahrung, Betrachtung, Folgerung, durch Lebensereignisse verbunden“. In der Reihe zur Morphologie finden sich neben originalen Beiträgen GOETHES aus weit auseinanderliegenden Jahren später auch Aufsätze anderer Autoren wie CHRISTIAN G. NEES VON ESENBECK oder ERNST MEYER. In diese bunte Reihe, deren Anlage kaum durchschaubar ist, sind daneben noch Sammlungen von Aphorismen, Buchbesprechungen und Gedichte eingefügt.

Ein besonderes Kennzeichen dieser Schriftenreihe sind die häufigen autobiographischen Äußerungen, wie es der ausführliche Titel schon ankündigt (vgl. KUHN 1962, 1988). So findet sich gleich im ersten Heft ein ausführlicher Beitrag mit dem Titel „Geschichte meines botanischen Studiums“. In diesen bekenntnishaften Beiträgen reflektierte GOETHE über das persönliche Gewordensein und über die Entstehung seiner Erkenntnisse. Durch Lebensereignisse verband er Erfahrungen mit Betrachtungen und Folgerungen und verschränkte somit eng wissenschaftliche Analysen und biographische Betrachtungen.

I.10 Die Urpflanze

Über GOETHES Botanik läßt sich nicht sprechen, ohne die „Urpflanze" zu erwähnen. Nach dem Erwerb botanischer Kenntnisse in Weimar und dem Versuch, durch die Beobachtung der Keimung und der Keimpflanzen Zugang zu den „Urgestalten" des Pflanzenreichs zu finden (1775/76; vgl. I.13) folgte die Reise nach Italien (1786/88), die auf den Naturforscher GOETHE einen tiefen und nachhaltigen Eindruck machte. Im Rückblick aus dem Jahre 1814 formulierte er seine Gedanken beim Besuch eines Gartens in Palermo: „Es ist ein wahres Unglück, wenn man von vielerlei Geistern verfolgt und versucht wird! Heute früh ging ich mit dem festen ruhigen Vorsatz, meine dichterischen Träume fortzusetzen, nach dem öffentlichen Garten, allein, eh ich mich's versah, erhaschte mich ein anderes Gespenst, das mir schon diese Tage nachgeschlichen. Die vielen Pflanzen, die ich sonst nur in Kübeln und Töpfen, ja die größte Zeit des Jahres nur hinter Glasfenstern zu sehen gewohnt war, stehen hier froh und frisch unter freiem Himmel und, indem sie ihre Bestimmung vollkommen erfüllen, werden sie uns deutlicher. Im Angesicht so vielerlei neuen und erneuten Gefildes fiel mir die alte Grille wieder ein: ob ich nicht unter dieser Schar die Urpflanze entdecken könnte. Eine solche muß es denn doch geben! Woran würde ich sonst erkennen, daß dieses oder jenes Gebilde eine Pflanze sei, wenn sie nicht alle

Abb. 18 (links): Faksimile des Titelblatts des ersten Heftes „Zur Morphologie", Stuttgart, 1817 (Stiftung Weimarer Klassik, Goethe-Nationalmuseum).

Abb. 19 (unten): Obwohl GOETHE keinen konkreten Entwurf einer Urpflanze angefertigt hat, können thematisch drei seiner Zeichnungen, die den Aufbau der Pflanzen aus dem Grundbaustein „Knoten mit dem Blatt" (links), aus einer „Folge der Knoten" (Mitte) und „zusammenziehend" bei der Blütenbildung (rechts) diesem Komplex zugeordnet werden (aus FROEBE 1985).

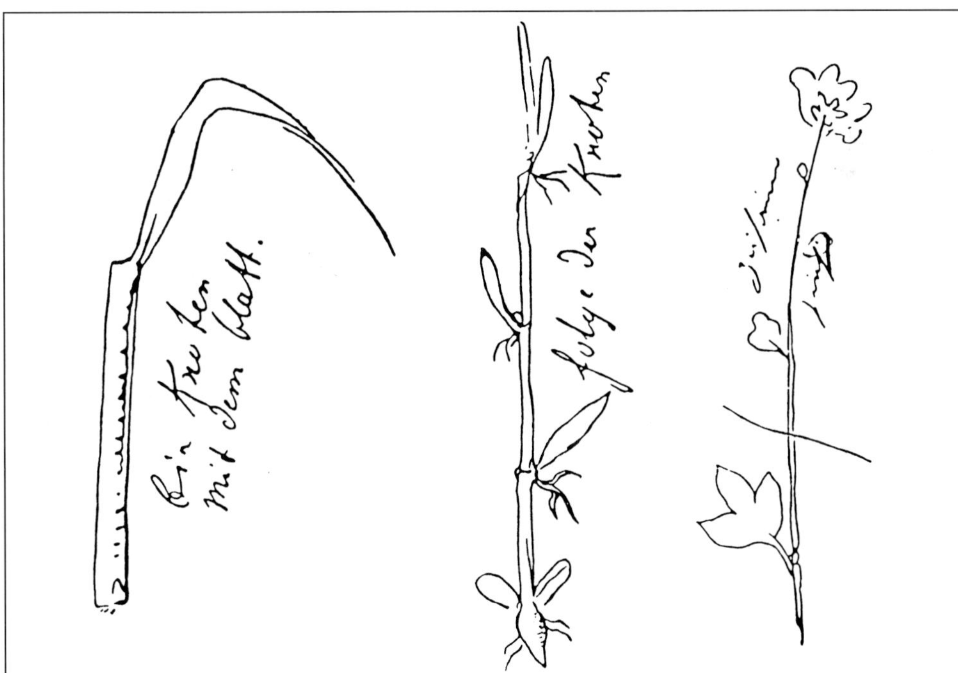

nach einem Muster gebildet wären" (zum 17.4.1787).

Langsam kristallisierte sich bei GOETHE aber der Gedanke heraus, daß es diese Urpflanze als tatsächliches Exemplar gar nicht geben kann, sondern nur als ein Modell, als Typus: Keine zwei Monate danach schrieb der gerade aus Sizilien und Neapel nach Rom Zurückgekommene an CHARLOTTE VON STEIN (Abb. 4): „Sag Herdern, daß ich dem Geheimnis der Pflanzenzeugung und Organisation ganz nah bin und daß es das Einfachste ist, was nur gedacht werden kann. … Die Urpflanze wird das wunderlichste Geschöpf von der Welt, über welches mich die Natur selbst beneiden soll. Mit diesem Modell und dem Schlüssel dazu kann man alsdann noch Pflanzen ins Unendliche erfinden, die konsequent sein müssen, das heißt, wenn sie auch nicht existieren, doch existieren könnten, und nicht etwa malerische oder dichterische Schatten und Scheine sind, sondern eine innerliche Wahrheit und Notwendigkeit haben". Er schloß, ganz in der Überzeugung einer die ganze Natur umfassenden Erkenntnismöglichkeit: „Dasselbe Gesetz wird sich auch auf alles übrige Lebendige anwenden lassen".

Von GOETHE selbst gibt es keinen Entwurf zu einer solchen „Urpflanze", über die er sich später mit SCHILLER ausführlich unterhielt. Dieses von SCHILLER nach einem Besuch einer Veranstaltung der Naturforschenden Gesellschaft Jena am 20.7.1794 geschickt eingefädelte Gespräch, bei dem die Metamorphose gewissermaßen als „Lockvogel" eingesetzt wurde, gilt als Ausgangspunkt der überaus fruchtbaren Zusammenarbeit der beiden Autoren. Während des Gespächs, bei dem GOETHE nach eigenen Angaben „mit charakteristischen Federstrichen eine solche Pflanze vor seinen Augen entstehen" ließ, warf SCHILLER ein: „Das ist keine Erfahrung, das ist eine Idee".

So liegt aus heutiger Sicht der Verdienst GOETHES nicht in der Entdeckung der Urpflanze als real existierendem Objekt, sondern in der „Aufdeckung des Organisationstypus der Samenpflanzen" als „genialer wissenschaftlicher Leistung im Sinne einer Typusfixierung aufgrund der Kenntnis vieler, zunächst heterogen erscheinender Typen" (FROEBE 1985). Die Kondensation eines Typus (der sich in dieser Form eben nicht in der Natur finden läßt), ermöglicht nun, „die ganze individuelle Formenfülle, die unter ihn fällt, in der Anschauung zu beherrschen und von einem Punkt aus zu überblicken" (TROLL 1928). So konnte denn auch GOETHE im Herbst 1787 an den „Urfreund" KNEBEL schreiben: „Es möchte wie eine Rodomontade (d. i. Aufschneiderei; S. SCHN.) klingen, wenn ich sagte, wie weit ich darin gekommen zu sein glaube. Genug, ich werde immer sichrer, daß die allgemeine Formel, die ich gefunden habe, auf alle Pflanzen anwendbar ist. Ich kann die eigensinnigsten Formen z. Ex. *Passiflora*, *Arum*, dadurch erklären und miteinander in Parallel setzen".

Und das ist nun der entscheidende Punkt mit einer weitreichenden Wirksamkeit. GOETHE befindet sich hier auf dem „Angel- und Höhepunkt" (KAHLER & MAUL 1991) seines botanischen Weges. Obwohl er hier den ebenfalls von ihm geprägten Begriff der Morphologie noch nicht verwendete, haben wir den Kernpunkt der künftigen Lehre vor uns, die von ihm in der nächsten Zeit nur noch ausgearbeitet, durch Beobachtungen und Experimente erweitert und untermauert wurde.

Man sollte sich noch einmal in Erinnerung rufen (vgl. I.6), was nur wenige Jahre als „Lehrbuchwissen" fixiert worden war: in LINNÉS „Philosophia Botanica" finden sich zum Beispiel die Gleichsetzungen Staubfaden – Samenleiter, Staubbeutel – Hoden und

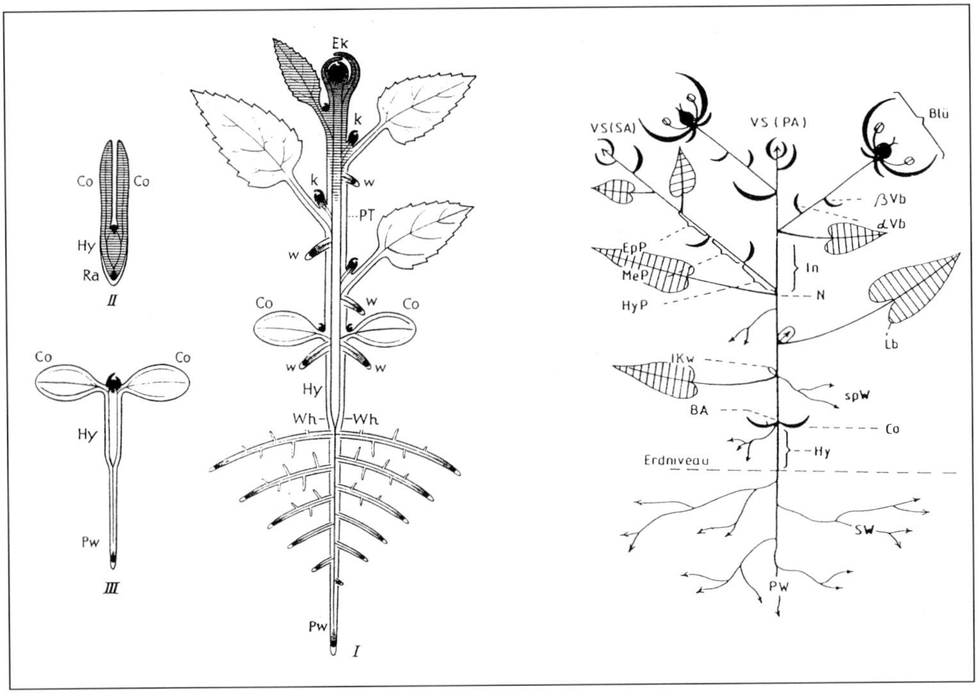

Griffel – Vagina. In Anbetracht dieser Feststellungen, die damals selbstverständlich auch von anderen in Frage gestellt wurden, sind die Erkenntnisse GOETHES zur Blattnatur der Blütenorgane mehr als nur graduelle Fortschritte.

Der Begriff „Morphologie“ wurde übrigens von GOETHE in die Naturwissenschaften eingeführt. Gedruckt tauchte er erstmals im Jahre 1800 in einer Schrift des Leipziger Mediziners KARL FRIEDRICH BURDACH auf, der ihn auf die Lehre von der Form des menschlichen Körpers anwendete. Aber schon im Herbst 1796 hatte Goethe ihn in seinem Tagebuch und in der Korrespondenz mit SCHILLER verwendet. Aus dem Zusammenhang wird klar, daß eine Verständigung über den Begriffsinhalt vorher schon zwischen den beiden stattgefunden hatte. Anfangs verstand GOETHE darunter eine Gestaltlehre, die alle Erscheinungen der organischen und anorganischen Natur umfaßte. Erst 1817 tauchte der Begriff bei GOETHE in gedruckter Form auf, wobei er ihn auf die organischen Gestalten einschränkte. Insgesamt hatte er nicht unrecht, als er schrieb: „Indem wir mit der Morphologie eine neue Wissenschaft aufzustellen gedenken, zwar nicht dem Gegenstand … sondern der Ansicht und der Methode nach.“ So gilt GOETHE mit seiner Erkenntnis des Typus der Samenpflanzen mit Recht als Begründer der Vergleichenden Morphologie.

Abb. 20: Spätere Autoren wie SACHS und – mit einigen Modifikationen – TROLL und FROEBE haben „urpflanzliche“ Schemata entworfen, die als Repräsentation des Typus der Gefäßpflanzen bzw. bestimmter Vertreter (z.B. krautiger einjähriger Pflanzen) gelten können. Links: Organisationstypus nach SACHS, erweitert von TROLL (I: „Urpflanze“, II: Embryo, III: Keimpflanze; aus TROLL 1973), rechts: Konstruktionstypus aus FROEBE 1994.

I.11 Vorträge zur Morphologie

Den Anregungen ROUSSEAUS folgend, der die Erörterung naturwissenschaftlicher und besonders botanischer Sachverhalte in gebildeten (Laien)Kreisen empfahl, hielt GOETHE besondere Abendgesellschaften ab. Hier trug er über Botanik, Zoologie und vor allem auch über die Farbenlehre vor. Dies geht aus seinen Tagebuchaufzeichnungen und Briefen wie auch aus den überlieferten Berichten der Teilnehmer, unter denen sich zahlreiche Frauen befanden, hervor. Während von seinen Konzepten zu physikalischen Themen ziemlich viel erhalten ist, kam von seinen botanischen Konzepten kaum etwas auf uns.

Ein detailliertes Konzept blieb erhalten: Am 8.4.1807 wurden nach der allgemeinen Gegenüberstellung der Ein- und Zweikeimblättrigen einige Frühjahrsblüher der ersten Gruppe vorgestellt (Krokus, Iris, Märzbecher). Es folgte eine Behandlung verschiedener Hahnenfußgewächse unter dem Aspekt der Blattmetamorphose (Übergang von Laub- in Blütenblätter über die kleinen und vereinfacht gebauten Hochblätter). Die Vielgestaltigkeit einer Familie (hier der Heidekrautgewächse) wurde mit dem Hinweis auf die amerikanischen Tropen, die in der gerade erschienenen pflanzengeographischen Schrift ALEXANDER VON HUMBOLDTS im Mittelpunkt stehen, erläutert. Eine Betrachtung von Nadelbäumen und Bäumen mit Kätzchen beschloß die Ausführungen (Abb. 21). So wie GOETHE durch seine weitreichenden Kontakte mit den neuesten wissenschaftlichen Entwicklungen in Berührung kam, so belegen diese Notizen, daß er dieses Wissen unmittelbar weitergab.

I.12 Der Dichter und die Metamorphose

GOETHE wäre natürlich nicht der Meister der Poetik, wenn er nicht auch seine Gedanken zur Metamorphose in Gedichtform gebracht hätte. Sein Ziel war, diese „abstrakte Gärtnerei", wie er seine botanischen Forschungen einmal nannte, anschaulich zu machen.

Dieses Veranschaulichen geschah im Juni 1798 in überhöhter Sprache durch die in Jena verfaßte Elegie „Die Metamorphose der Pflanzen". Diese soll hier trotz ihrer Länge wiedergegeben werden.

Die Elegie ist ein Liebesgedicht in Form eines Lehrgedichts. Sie ist deutlich dreigeteilt. Am Anfang wird die Geliebte in das Reich der Pflanzen geführt und ihr wird die Erklärung der Gesetzmäßigkeit in der Fülle der Formen angekündigt. Im zweiten Teil folgt die dichterische Darstellung und Verar-

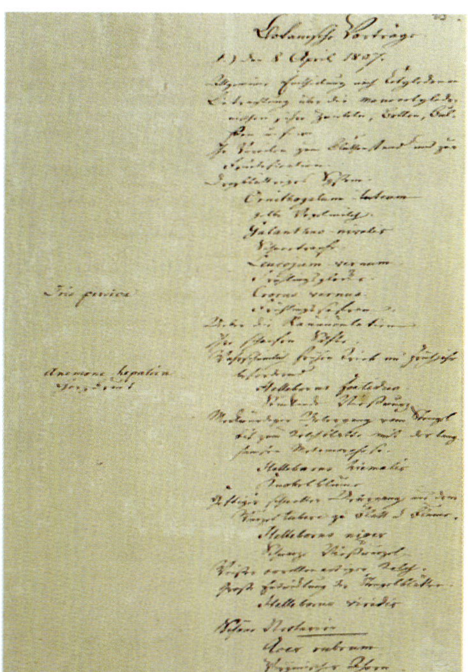
Botanische Vorträge
1) d. 8 April 1807.

Abb. 21: GOETHES Stichworte zu einem Vortrag im April 1807 (Teilwiedergabe; Stiftung Weimarer Klassik, Goethe- und Schiller-Archiv, Sign.: Goethe LX9: Bl. 23; Aufnahme: S. GESKE).

beitung der Metamorphoseschrift, während der letzte Teil sich wieder an die Geliebte wendet und auf die Gültigkeit der anhand der Pflanzenentwicklung erkannten Gesetze auch für den Menschen hinweist. Bei der angeredeten Geliebten handelt es sich ohne Zweifel – wie so oft bei GOETHE in einer Verschränkung von Dichtung, Wissenschaft und biographischer Situation – um CHRISTIANE VULPIUS, seine Lebensgefährtin, spätere Ehefrau und Mutter seines Sohnes, die von ihm selbst mehrfach als „Naturwesen" tituliert wurde.

Die Metamorphose der Pflanzen

Dich verwirret, Geliebte, die tausendfältige Mischung
Dieses Blumengewühls über dem Garten umher;
Viele Namen hörst du an, und immer verdränget
Mir barbarischem Klang einer den andern im Ohr.
Alle Gestalten sind ähnlich, und keine gleichet der andern;
Und so deutet das Chor auf ein geheimes Gesetz,
Auf ein heiliges Rätsel! O könnt' ich dir, liebliche Freundin,
Überliefern sogleich glücklich das lösende Wort!
Werdend betrachte sie nun, wie nach und nach sich die Pflanze,
Stufenweise geführt, bildet zu Blüten und Frucht.
Aus dem Samen entwickelt sie sich, sobald ihn der Erde
Stille befruchtender Schoß hold in das Leben entläßt,
Und dem Reize des Lichts, des heiligen, ewig bewegten,
Gleich den zärtesten Bau keimender Blätter empfiehlt.
Einfach schlief in dem Samen die Kraft; ein beginnendes Vorbild
Lag verschlossen in sich, unter die Hülle gebeugt,
Blatt und Wurzel und Keim, nur halb geformet und farblos;
Trocken erhält so der Kern ruhiges Leben bewahrt,
Quillet strebend empor, sich milder Feuchte vertrauend,
Und erhebt sich sogleich aus der umgebenden Nacht.
Aber einfach bleibt die Gestalt der ersten Erscheinung;
Und so bezeichnet sich auch unter den Pflanzen das Kind.
Gleich darauf ein folgender Trieb, sich erhebend, erneuet,
Knoten auf Knoten getürmt, immer das erste Gebild.
Zwar nicht immer das gleiche, denn mannigfaltig erzeugt sich,
Ausgebildet, du sieht's, immer das folgende Blatt,
Ausgedehnter, gekerbter, getrennter in Spitzen und Teile,
Die verwachsen vorher ruhten im untern Organ.
Und so erreicht es zuerst die höchst bestimmte Vollendung,
Die bei manchem Geschlecht dich zum Erstaunen bewegt.
Viel gerippt und gezackt, auf mastig strotzender Fläche,
Scheinet die Fülle des Triebs frei und unendlich zu sein.
Doch hier hält die Natur, mit mächtigen Händen, die Bildung

An, und lenket sie sanft in das Vollkommnere hin.
Mäßiger leitet sie nun den Saft, verengt die Gefäße,
Und gleich zeigt die Gestalt zärtere Wirkungen an.
Stille zieht sich der Trieb der strebenden Ränder zurücke,
Und die Rippe des Stiels bildet sich völliger aus.
Blattlos aber und schnell erhebt sich der zärtere Stengel,
Und ein Wundergebild zieht den Betrachtenden an.
Rings im Kreise stellet sich nun, gezählet und ohne
Zahl das kleinere Blatt neben dem ähnlichen hin.
Um die Achse gedrängt, entscheidet der bergende Kelch sich,
Der zur höchsten Gestalt farbige Kronen entläßt.
Also prangt die Natur in hoher, voller Erscheinung,
Und sie zeiget, gereiht, Glieder an Glieder gestuft.
Immer staunst du aufs neue, sobald sich am Stengel die Blume
Über dem schlanken Gerüst wechselnder Blätter bewegt.
Aber die Herrlichkeit wird des neuen Schaffens Verkündung.
Ja, das farbige Blatt fühlet die göttliche Hand.
Und zusammen zieht es sich schnell, die zärtesten Formen,
Zwiefach streben sie vor, sich zu vereinen bestimmt.
Traulich stehen sie nun, die holden Paare, beisammen,
Zahlreich ordnen sie sich um den geweihten Altar.
Hymen schwebet herbei, und herrliche Düfte, gewaltig,
Strömen süßen Geruch, alles belebend, umher.
Nur vereinzelt schwellen sogleich unzählige Keime,
Hold in den Mutterschoß schwellender Früchte gehüllt.
Und hier schließt die Natur den Ring der ewigen Kräfte;
Doch ein neuer sogleich fasset den vorigen an,
Daß die Kette sich fort durch alle Zeiten verlänge,
Und das Ganze belebt, so wie das Einzelne, sei.
Wende nun, o Geliebte, den Blick zum bunten Gewimmel,
Das verwirrend nicht mehr sich vor dem Geiste bewegt.
Jede Pflanze verkündet dir nur die ew'gen Gesetze,
Jede Blume, sie spricht lauter und lauter mit dir.
Aber entzifferst du hier der Göttin heilige Lettern,
Überall siehst du sie dann, auch in verändertem Zug.
Kriechend zaudre die Raupe, der Schmetterling eile geschäftig,
Bildsam ändre der Mensch selbst die bestimmte Gestalt.
O gedenke denn auch, wie aus dem Keim der Bekanntschaft
Nach und nach in uns holde Gewohnheit entsproß,
Freundschaft sich mit Macht in unserm Innern enthüllte,
Und wie Amor zuletzt Blüten und Früchte gezeugt.
Denke, wie mannichfach bald die, bald jene Gestalten,

Still entfaltend, Natur unsern Gefühlen geliehn!
Freue dich auch des heutigen Tags! Die heilige Liebe
Strebt zu der höchsten Frucht gleicher Gesinnungen auf,
Gleicher Ansicht der Dinge, damit in harmonischem Anschaun
Sich verbinde das Paar, finde die höhere Welt.

Darüber hinaus gewann GOETHE dem Begriff der Metamorphose eine wesentlich weitere Dimension ab – der in eine Steigerung mündende Bildungs- und Umbildungsprozeß zeigt sich auch in der menschlichen Existenz als „ew'ges Gesetz": „Bildsam ändre der Mensch selbst die bestimmte Gestalt". So konnte THOMAS MANN in seinem Roman „Lotte in Weimar" (1939) in dem bewegenden Schlußkapitel mit Recht GOETHE bekennen lassen: „ Wisse, Metamorphose ist deines Freundes Liebstes und Innerstes, seine große Hoffnung und tiefste Begierde". In „Selige Sehnsucht", einem der berühmtesten Gedichte des „West-östlichen Divan" (entstanden 1814) wird noch der Tod als letztes Ereignis in der Reihe der Verwandlungen gesehen:

„Und solang du das nicht hast,
Dieses: Stirb und werde!
Bist du nur ein trüber Gast
Auf der dunklen Erde".

I.13 Keimlingsstudien

GOETHE studierte schon vor seiner Reise nach Italien (ab etwa 1785) Keimung und Keimlinge verschiedener Samenpflanzen. Anlaß waren wohl Diskussionen mit HERDER, der in seinen „Ideen zur Philosophie der Menschheit" feststellte, daß die Natur von einfachen zu komplexeren Gestalten fortschreite. „Hätten wir einen Sinn, die Urgestalten und ersten Keime der Dinge zu sehen, so würden wir vielleicht im kleinsten Punkt die Progression (also das Fortschreiten; S. SCHN.) der ganzen Schöpfung gewahr werden".

GOETHE suchte nun in allen drei Reichen der Natur „Urgestalten und erste Keime": parallel unternahm er Versuche zur Kristallbildung, zur Erzeugung von Infusionstierchen (damals die kleinsten bekannten Tiere) und zur Keimung von Pflanzen. Eine ausführliche Darstellung seiner Versuche wurde erst nach seinem Tod veröffentlicht; daneben existiert eine Reihe von Zeichnungen, von denen eine von seiner Hand stammt, während die anderen unter seiner Anleitung von Mitgliedern der von ihm ins Leben gerufenen Weimarer Zeichenschule angefertigt wurden. In der Metamorphoseschrift wird nur am Rande auf diese Phänomene eingegangen (§ 10–18), wobei Ausbildung, Stellung und Anzahl der Keimblätter (Cotyledonen), von GOETHE als „Samenblätter" bezeichnet, geschildert werden.

GOETHES Analysen gingen nun bei verschiedenen Arten weit über den damaligen Kenntnisstand hinaus. So sind seine Untersuchungen an der Dattelpalme (*Phoenix dactylifera*) erst lange nach seinem Tod vervollständigt worden. Die unter seiner Anleitung angefertigten Abbildungen stellen die besten Figuren seit etwa 1700 dar.

Weiterhin wurden u.a. der Mais („Welschkorn"), Vertreter der Wickenverwandtschaft (Gattungen *Lathyrus* oder *Vicia*), Bohne und Erbse sowie Kürbis studiert. Auch „wagte" sich GOETHE an die Untersuchung der Keimung bei der Kokosnuß, ohne daß wir heute über seine Ergebnisse genauer

13
d
g
h
l
m
k
i
n
b
a

unterrichtet sind. Gerade hier sind die Verhältnisse sehr unübersichtlich und wurden erst lange nach GOETHEs Tod verstanden.

Auf seiner bekannten Italienischen Reise führte er die Keimungsversuche fort, wie er selbst 1831 im Rückblick berichtete „... wie ich tagtäglich, in einem jeden Garten, auf Spaziergängen, kleinen Lustfahrten, mich der neben mir bemerkten Pflanzen bemächtigte. Besonders bei der eintretenden Samenreife war es mir wichtig, die Art zu beobachten, wie manche derselben der Erde anvertraut, an das Tageslicht wieder hervortraten". Er konnte feststellen, daß unter den vielen Samen, die er beobachtete, einige zu seinem „Andenken über kürzere oder längere Zeit im alten Rom fortwuchsen". So wuchs im Garten der Malerin ANGELIKA KAUFMANN eine von ihm gezogene Pinie (*Pinus pinea* L.) und noch Ende der zwanziger Jahre versicherte ihm ein „erhabener Reisender", daß eine Dattelpalme in der Zwischenzeit bis auf Mannshöhe herangewachsen war.

I.14 „Der Cactus ist würcklich Dicotyledon"

Auf seiner Italienischen Reise lernte GOETHE eine Reihe von neuen Pflanzen kennen, die

er genau beobachtete. Er setzte seine in Weimar begonnenen Keimungsversuche fort – ganz einfach auf der Fensterbank. Sensation machte bei ihm die Beobachtung eines Opuntienkeimlings. Er „sah mit Vergnügen, daß er ganz unschuldig dicotyledonisch sich in zwei zarten Blättchen enthüllte, sodann aber, bei fernerem Wachstum, die künftige Unform entwickelte", wie er im Juni 1787 CHARLOTTE VON STEIN aus Italien mitteilte. Er bemerkte also, daß auch die im Alter „unförmliche" Opuntie als Keimling über zwei Keimblätter (Cotyledonen) verfügt und somit ihre Zugehörigkeit zur großen Gruppe der Zweikeimblättrigen Pflanzen (Dicotyledonen) beweist. Unmittelbar nach der Ausbildung der Keimblätter beginnt schon die für die Kakteen charakteristische Verdickung der Sprossachse, die Grundlage der der Wasserspeicherung dienenden Stammsukkulenz dieser Pflanzengruppe. Nachdem die Keimlinge eine Weile in der dunklen Stube gestan-

Abb. 22 (links): Keimung der Dattelpalme (*Phoenix dactylifera* L.). Bereits vor der Reise nach Italien beobachtete GOETHE die Keimung der Dattelpalme. Verschiedene Keimungsstadien wurden 1785/86 aquarelliert. Eine genaue Beschriftung wurde später beigefügt (Aquarelle aus dem Portefeuille zur Metamorphose, Stiftung Weimarer Klassik, Goethe- und Schiller-Archiv Goethe 26, LIV, 8; Aufnahme: S. GESKE).

Abb. 23 (oben): Keimpflanzen des Mais (*Zea mays* L.). Auch die Keimung des „Welschkorns", wie GOETHE den Mais nannte, wurde um 1785/86 beobachtet und zeichnerisch protokolliert. Kupferstich nach einem Aquarell aus dem Portefeuille zur Metamorphose (Stiftung Weimarer Klassik, Goethe- und Schiller-Archiv Goethe 26, LIV, 8; Aufnahme: S. GESKE).

Abb. 24: Zu dieser Zeichnung aus Italien schrieb GOETHE „Der Cactus ist würcklich Dicotyledon, wie man aus vorstehender Zeichnung sieht“ (Stiftung Weimarer Klassik, Goethe- und Schiller-Archiv Goethe LXI 4, 8; Bl. 149/152).

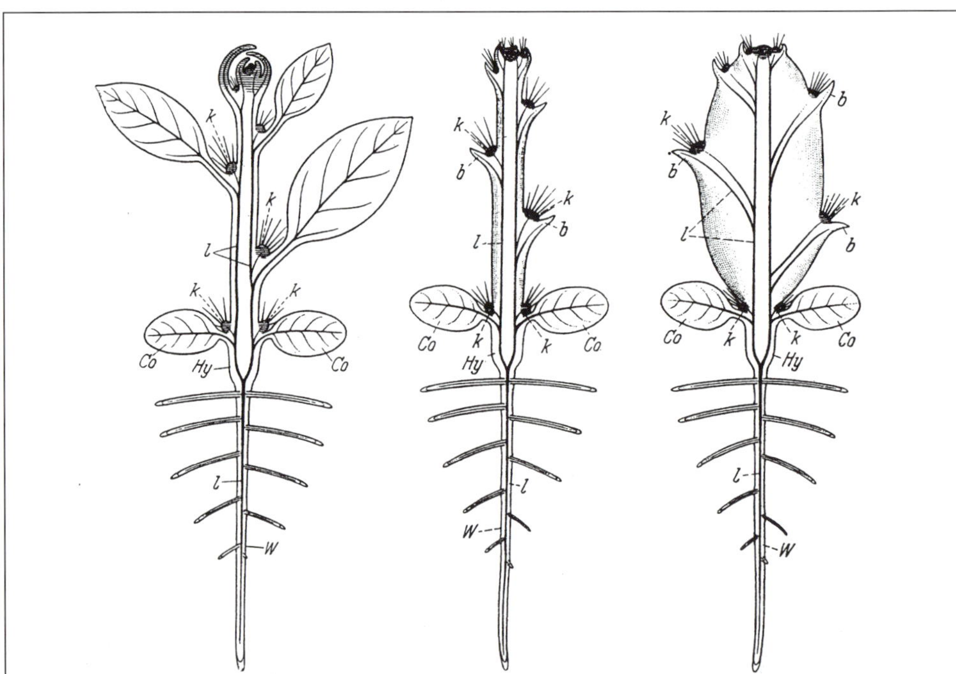

den hatten, begannen sie zu vergeilen, wie GOETHE feststellte.

In den Notizen aus Italien findet sich der Vorsatz: „Den Samen der Indianischen Feige (also *Opuntia ficus-indica*; S.SCHN.) mitzunehmen. Denn die Entwicklung dieser aus dem Samenkerne wird das größte Licht geben". Soweit wir heute wissen, ist es dazu allerdings nicht gekommen. Jedenfalls verstand GOETHE die Kakteenform noch nicht; auch er hielt die Flachsprosse der Opuntien für Blätter. Die Ableitung der Kakteenform und ihre Anbindung an den Typus der Samenpflanzen gelang erst später; ein immer wieder in den Lehrbüchern wiedergegebenes, die Verhältnisse illustrierendes Schema geht auf W. TROLL zurück (Abb. 26).

I.15 *Entada scandens* – ein merkwürdiger Keimling

Als eifriger Sammler biologischer Objekte erhielt GOETHE aus heute nicht mehr bekannter Quelle Material einer tropischen Leguminose unter dem Namen *Mimosa scandens*. Heute ist offenbar für diese Liane die Bezeichnung *Entada scandens* gültig; in der Literatur findet sich u.a. die ebenfalls synonyme Bezeichnung *Entada phaseoloides* (die Nomenklatur ist hier unübersichtlich). In den naturwissenschaftlichen Sammlungen GOETHES wird heute noch ein Teil einer Fruchthülse dieser in den Tropen Afrikas, der Karibik und Südamerikas verbreiteten Art aufbewahrt. Früchte und Samen gelangen als Driftgut durch den Golfstrom an europäische Küsten und sind schon lange bekannt; erstmals wurden sie im Jahr 1570 erwähnt. Die wohl ältesten Funde stammen übrigens aus nacheiszeitlichen Sanden Südschwedens (STOPP 1956). Die stark verholzten Hülsen erreichen bei einer Breite von 10 cm eine Länge von bis zu einem Meter!

In einer Mappe mit Zeichnungen zur Metamorphose fanden sich drei Aquarelle, die den Samen und verschiedene Keimungsstadien der „Riesenhülse" oder „Meerbohne" darstellen. Die Zeichnungen, die von Mitgliedern der Weimarer Zeichenschule angefertigt worden waren, entstanden wohl um 1790. Sie belegen Keimungsversuche GOETHES und zusammen mit den überlieferten Notizen eine intensive Beschäftigung mit dem Objekt. Allerdings kam es nicht zu einer Publikation dieser Ergebnisse, denn zu viele Fragen blieben offen: „Merkwürdig ist der Wurzelknoten, an dem viele Wurzelfasern sich zugleich entwickeln. ... Merkwürdig ist, daß ... sich hier gleich Äste mit Zweigen entwickeln".

Der bedeutende Morphologe WILHELM TROLL studierte die Keimung von *Entada* erneut und konnte 1954 nachweisen, daß GOETHE ein sowohl am Wurzel- als auch am Sproßvegetationspunkt des Embryos verletzter Same zur Verfügung gestanden haben muß, der deshalb sowohl nicht interpretierbare Ergebnisse lieferte und, wie GOETHE feststellte, bald zugrunde ging und nicht weiter beobachtet werden konnte.

I.16 *Nigella damascena* – „Flügelmann der Metamorphose"

In der Metamorphoseschrift wies GOETHE die Blattnatur der Blütenorgane nach. Besonders war er an Beispielen interessiert, wo an Organen in diesem Bereich die Blattnatur deutlich erkennbar wird bzw. wo Form- und damit verbundene Funktionsänderungen den

Abb. 25 (links oben): Kaktuskeimling mit deutlich erkennbaren Keimblättern und dem sich dazwischen entwickelnden Sproßkörper (Aufnahme: S. SCHNECKENBURGER).

Abb. 26 (links unten): Ableitung der Kakteenform aus dem urpflanzlichen Schema. Co – Cotyledo (Keimblatt), W – Hauptwurzel, Hy – Hypocotyl (Achsenabschnitt zwischen Keimblattknoten und Keimwurzel), k – mit Dornblättern ausgestattete Achselknospen, b – zu Rudimenten verkümmerte Laubblätter, l – Leitstränge in Sproß und Wurzel (aus TROLL 1950).

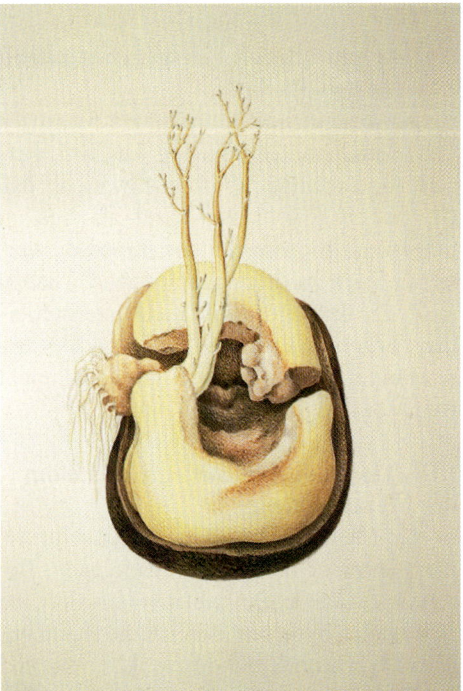

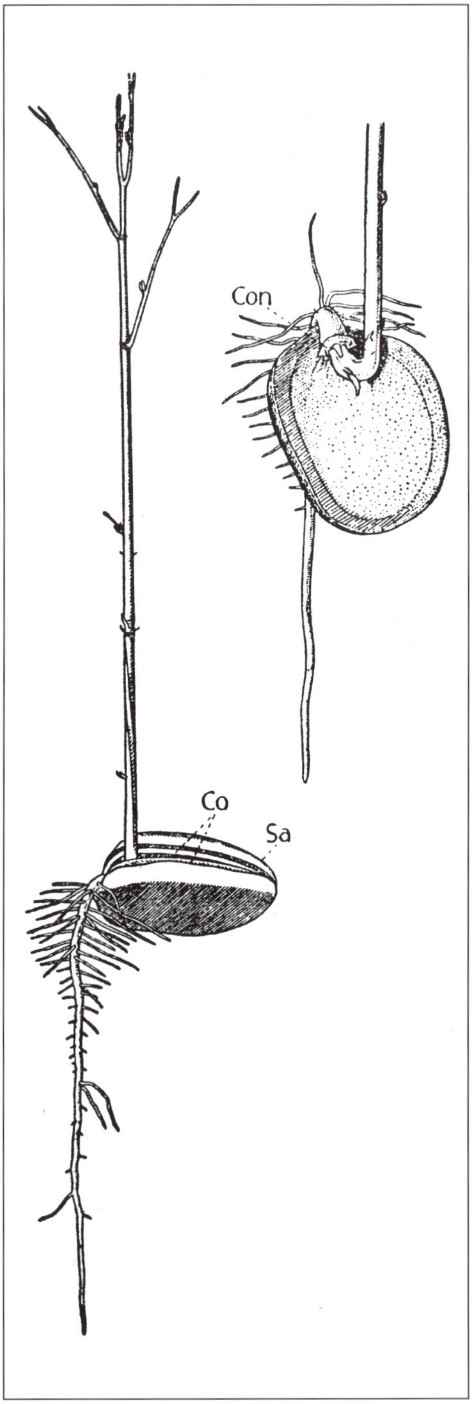
Con
Co
Sa

Metamorphosegedanken unterstützen. In diesem Zusammenhang beschrieb er ausführlich (§ 56 und 57) die nektarerzeugenden Honigblätter der Blüten verschiedener Hahnenfußgewächse. Besonders nannte er die hochkomplexen nektarbildenden Organe der Akelei (Gattung *Aquilegia*), des Schwarzkümmels (*Nigella damascena*) und des Eisenhuts (Gattung *Aconitum*). In einer handschriftlichen Notiz aus dieser Zeit findet sich der Hinweis: „*Nigella damascena* ist wie ein Flügelmann, der uns die Metamorphose vorexerziert“, also ein Paradebeispiel seiner Anschauungen (Abb. 29).

Eine besondere Stütze der Blattnatur zeigte sich seiner Meinung nach auch in den Verlaubungstendenzen: bei gefüllten Blüten dieser Sippen sind die Honigblätter in kronblattähnliche Bildungen umgewandelt.

Abb. 27 (linke Spalte): Keimender Same von *Entada scandens* (L.) BENTH. Man beachte die zahlreichen Wurzeln am verletzten Wurzelpol (oben, unten) und zahlreiche Achsen, die an dem beschädigten Sproßpol des Embryos entstanden sind (unten). Aquarelle aus dem Portefeuille zur Metamorphose 1790 (Stiftung Weimarer Klassik, Goethe- und Schiller-Archiv Sign.: Goethe 21, LIV, 8; Aufnahme: S. GESKE).

Abb. 28 (rechte Spalte): Regelhafte Keimung bei *Entada scandens*. Sa – Samenschale, Co – Keimblatt (Cotyledo), Con – Ansatzstelle eines entfernten Keimblattes. Man beachte die Hauptwurzel und den Primärsproß (aus TROLL 1954).

Abb. 29 (nächste Seite): Oben: Skizzenblatt aus GOETHES Nachlaß; u.a. mit Zeichnungen verschiedener Honigblätter (Stiftung Weimarer Klassik, Goethe- und Schiller-Archiv Goethe LXI 3, 22; Bl. 154-156).

Mitte: Blüte (links; Honigblätter zwischen und über den Blütenblättern) und Honigblätter des Schwarzkümmels (*Nigella damascena* L.; auch „Braut in Haaren“ genannt). Die mittlere Figur zeigt ein Honigblatt von der Seite, die rechte von oben, wobei eine die eigentliche Nektargrube deckende Schuppe nach oben gebogen wurde. Unten: Blüte und Honigblatt der Akelei (*Aquilegia vulgaris* L.; Figuren der mittleren und unteren Reihe nach TROLL).

I.17 Durchwachsene Blüten

Die Blattnatur der Blütenorgane hatte GOETHE erkannt und belegt. Nach vollständiger und heute akzeptierter morphologischer Definition sind Blüten Sprosse begrenzten Wachstums, die zur Samenerzeugung besonders modifizierte Blattorgane tragen. Es handelt sich also um beblätterte Kurztriebe. Man kann nun immer wieder beobachten, daß auch außerhalb des Blütenbereichs solche Kurztriebe unter Streckung und Erzeugung neuer Blätter weiterwachsen.

Besonders auffällig ist es, wenn sich dies im Blütenbereich ereignet. So kann bei Rosen eine Blüte an der Spitze „durchwachsen“, indem aus ihrem Zentrum ein neuer Stengel mit Laub- und Blütenblättern herauswächst, der seinerseits auch wieder zur Blütenbildung schreiten kann (Abb. 30). So wird deutlich, daß sich die verschiedenen Blattorgane gegenseitig vertreten können.

Eine andere Konstellation beobachtete GOETHE während seiner „Italienischen Reise“ an einem Nelkenstock, den er in einem Brief vom 18.8.1787 aus Rom seinem „Urfreund“ KNEBEL genau beschrieb: „Hier ist es bei der Nelkenflor etwas Gewöhnliches, daß aus einer gewissen Sorte gefüllter Nelken eine andere gefüllte, völlige Blume herauswächst. Ich habe eine solche gefunden, da aus der Hauptblume vier andere herausgewachsen waren. … Ich habe sie sorgfältig gezeichnet, auch die Anatomie davon in die kleinsten Teile“ (Abb. 31). Im Gegensatz zu dem oben geschilderten Fall sind die zusätzlichen Blüten seitliche Bildungen. Die Blättern normalerweise zukommenden Achselknospen fehlen in der Regel im Blütenbereich. Bei dieser Nelkensorte scheinen sie bei den Kronblättern vorhanden zu sein. Durch ihr Auswachsen kommt nun das von GOETHE beobachtete Verhalten zustande, bei dem neben der vollständigen zentralen Blüte (mit Staubblättern und Fruchtknoten) vier

1
1
2

ebenfalls vollständige seitliche Blüten an der Spitze der in den Achseln der Kronblätter befindlichen Seitentriebe ausgebildet werden.

I.18 Die Sexualverhältnisse der Blüten

Eine „höchst anschauliche" Darstellung der Sexualverhältnisse innerhalb der Blumenkelche findet sich in den Sammlungen GOETHES in Form einer Arabeske, die wahrscheinlich von JOHANN HEINRICH MEYER, dem Berater GOETHES in Kunstfragen, stammt (Abb. 32). In einer kleinen, „Verstäubung, Verdunstung, Vertropfung" betitelten Sammlung von Notizen und Betrachtungen, besonders aus dem Bereich des Pilzbefalls höherer Pflanzen, findet sich folgende Passage: „Man hat sprachgelehrten Männern oft, und nicht ganz ungerecht, vorgeworfen, daß sie, um wegen der unerfreulichen Trockenheit ihrer Bemühungen sich einigermaßen zu entschädigen, gar gerne an verfängliche, leichtfertige Stellen alter Autoren mehr Mühe als billig verwendet. Und so

Abb. 30 (vorherige Seite): Durchwachsene Rose. Aquarell, von einem Mitglied der Weimarer Zeichenschule unter GOETHES Anleitung oder von GOETHE selbst angefertigt, Anfang 19. Jh. Man beachte die Laubblätter an der Basis der untersten Blüte, die die Stellung des Kelches einnehmen (Stiftung Weimarer Klassik Goethe-Nationalmuseum, Goethes Kunstsammlung, Inv.Nr.: 1762; Aufnahme: S. GESKE).

Abb. 31 (oben): Durchwachsene Nelke. Bleistiftzeichnung GOETHES aus dem Jahr 1787 (Stiftung Weimarer Klassik, Goethe-Nationalmuseum, Goethes Kunstsammlung, Inv.Nr.: 1738; Aufnahme: S. GESKE).

Abb. 32 (unten): Federzeichnung JOHANN HEINRICH MEYERS im Stile einer antiken Vasenmalerei, die Sexualverhältnisse innerhalb einer Blüte darstellend. Die Staubblätter und Fruchtblätter werden durch paarweise einander zugewandte männliche und weibliche Hermen dargestellt. In Kenntnis des Generationswechsels der Höheren Pflanzen sind diese Zuordnungen nicht haltbar. (Stiftung Weimarer Klassik, Goethe-Nationalmuseum, AK Inv.Nr. 921; Aufnahme: S. GESKE).

ließen sich auch Naturforscher manchmal betreten, daß sie, der guten Mutter einige Blößen abmerkend, an ihr als an der alten Baubo (eine häßliche Alte, die die um ihre Tochter trauernde Demeter zu erheitern suchte, indem sie sich unzüchtig entblößte; S.SCHN.) höchst zweideutige Belustigung fanden. Ja wir erinnern uns, Arabesken gesehen zu haben, wo die Sexualverhältnisse der Blumenkelche, auf antike Weise, höchst anschaulich vorgestellt werden". Nicht zuletzt illustriert diese Arabeske Hand in Hand mit der überhöhten Elegie zur Metamorphose die Polarität des GOETHEschen Charakters.

I.19 GOETHE und die Wurzeln

Unter den drei Grundorganen des Pflanzenkörpers – Sproßachse, Blatt und Wurzel – gab es aber eines, das GOETHE, abgesehen von seiner arzneilichen Nutzung, nicht interessierte – die Wurzel. In dieser Frage angegriffen, schrieb er 1824: „Sie ging mich eigentlich nichts an, denn was habe ich mit einer Gestaltung zu tun, die sich in Fäden, Strängen, Bollen und Knollen, und bei solcher Beschränkung, sich nur in unerfreulichem Wechsel allenfalls darzustellen vermag, wo unendliche Varietäten zur Erscheinung kommen, niemals aber eine Steigerung; und diese ist es allein, die mich auf meinem Gange, nach meinem Beruf an sich ziehen, festhalten und mit sich fortreißen kann".

Es gibt allerdings auch ein ganz hübsches Gelegenheitsgedicht, das anläßlich der Übersendung einer Medaille entstand (Abb. 33). Es erwähnt zumindest auch dieses von GOETHE offensichtlich wenig geschätzte Organ. Noch ein Wort zum Anlaß dieses Gedichtes: es entstand im November 1831 und wurde zusammen mit einer Gedenkmedaille verschenkt, die auf der Vorderseite GOETHES Kopf und auf der Rückseite einen Januskopf mit zwei Füllhörnern mit jeweils Blüten und Früchten zeigt. Beides war für Frau Rätin WANGEMANN bestimmt. Rat CHRISTIAN GOTTLIEB SALOMO WANGEMANN war Besitzer einer Baumschule vor dem Frauentor Weimars, die GOETHE öfters aufsuchte, wie zahlreiche Tagebucheintragungen ausweisen.

Abb. 33: Vorder- und Rückseite der Gedenkmedaille für Rätin WANGEMANN (aus BOJANOWSKI & RULAND 1898; Landes- und Hochschulbibliothek Darmstadt; Aufnahme: S. SCHNECKENBURGER).

„Von der Blüte zu den Früchten
Allerlei Natur-Geschichten,
Eigen sind sie deinem Hügel.
Löblich ist's nach Wurzeln graben;
Denn um helle Tagesgaben
Flattern alle Lebensflügel.

Von den Früchten zu den Blüten
Niemals werden wir ermüden;
Den Genuß an solchen Gaben
Siehst du hier in Erz gegraben.
Wie dich auch Natur entzückt,
Kunst sei freundlich angeblickt".

I.20 Wirkung des Lichts

Im Sommer 1796 stellte GOETHE über einen Zeitraum von etwa acht Wochen Versuche zum Einfluß und zur Wirkung des Lichtes auf Keimung und Keimpflanzen an. Unter Mit Hilfe des damaligen Hofgärtners FRIEDRICH GOTTLOB DIETRICH wurden in der Schießanlage des Weimarer Parks Samen verschiedenster Pflanzenarten ausgesät und die Keimung und Entwicklung beobachtet. Neben dem normalen Ablauf wurden die Abweichungen bei verschiedenartiger Belichtung beobachtet. Dazu wurden Versuche im Dunkeln angestellt sowie die Keimlingsentwicklung bei verschiedenfarbigem Licht protokolliert, nachdem entsprechend gefärbte Fenster zum Abdecken der Kulturbehälter angeschafft worden waren.

Den Anfang machten leicht beobachtbare und rasch keimende Kresse- und Bohnensamen; später kamen zahlreiche andere Arten dazu; die Protokolle nennen insgesamt meh-

Abb. 34: Gegenüberstellung von am Licht bzw. in der Dunkelheit gewachsenen Pflanzen bei Keimlingen der Kapuzinerkresse (*Tropaeolum majus;* linke Figuren) und bei Knollentrieben der Kartoffel (*Solanum tuberosum*; rechte Figuren). Ep – Epicotyl: Achsenabschnitt zwischen den Keimblättern (hier als Speicherorgane im Samen geborgen) und den Primärblättern – Pb; J – erster Achsenabschnitt oberhalb der Primärblätter. Bei den Kartoffelpflanzen sind die Blätter in der Reihenfolge ihrer Entstehung beziffert. Man beachte die enorme Streckung der Achsenabschnitte in der Dunkelkultur (aus TROLL 1973).

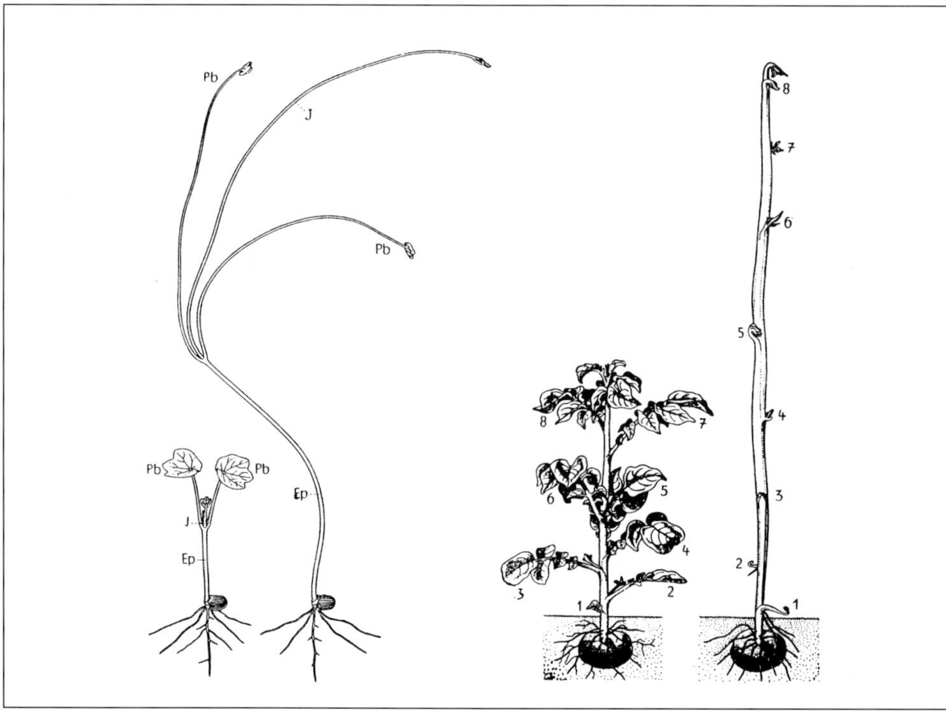

Tab. I. *Bohnen gelegt den 16ten Junius 1796. Beobachtet den 27ten Juni 1796. Franz. Maassstab.*	Wurzeln	Stielchen bis an die Cotyledonen	Cotyledonen selbst	Waren am 27. Junius	Allgemeine Bemerkungen.
No. 1. Topf [Topf *g*] [*g* farblos Glas]	Eine regelmäßig in die Erde getrieben. Lang 1 Zoll, die Seitenwurzeln fast etwas länger, sehr regelmäßig nach 4 Seiten zu.	$2\frac{1}{2}$ Zoll, ganz weiß	Vom Herzchen aus verschimmelt.	Vorstehendes gilt nur von einer, die übrigen hatten sich kaum entwickelt.	
No. 2. farblos. [gelbes] Glas [farblos. — Glas *g*]	$1\frac{1}{4}$ Zoll. Die Seitenwurzeln länger, die regelmäßige Richtung nach den vier Seiten nicht so deutlich.	bis 2 Zoll, ziemlich grün	die Cotyledonen u. die zwei folgenden Blätter entwickelt, der dritte Keim im Anzuge.	Die Feuchtigkeit in diesem Asch verdunstet am geschwindesten.	Es war keine Bohne zurückgeblieben.
No. 3. gelbes [*g*] [blanes *g*]	Wie *No.* 2.	$1\frac{1}{2}$ Zoll, ziemlich grün.	Das Corculum kaum entwickelt.	Gilt auch nur von einer, die übrigen waren noch zurück.	
No. 4. blaues [blaues *g*].	Fast in allem wie *No.* 3.				
No. 5. violettes [violettes *g*]	wie die vorigen	3 Zoll, gebogen wegen Druck des Glases.	Schön grün, im abtrocknen. Die 2 folgenden Blätter besser als *No.* 2 entwickelt.	Diese Nummer war sehr stark und mächtig gewachsen, 5 Bohnen gleich; sie hatten das Glas in die Höhe gehoben.	Die Stiele waren stark und überhaupt die Vegetation vortrefflich.
[Nummer 6 und 7 nicht ausgefüllt.]					
No. 8. in freier Luft und Land.	wie alle.	$2\frac{1}{2}$ Zoll, ganz grade.	noch schöner grün.	in der Entwickelung der folgenden Blätter kein merklicher Unterschied gegen *No.* 5.	Sie sahen fast noch schöner grün aus.

Abb. 35: Protokolle der Keimversuche GOETHES in der Wiedergabe der „Sophienausgabe“ (II. Abt., 7. Band, S. 312/13).

rere Dutzend wie zum Beispiel Radieschen, Mangold, Celosien und Rizinus (vgl. Abb. 35).

In ihrer Anlage waren die Versuche alle interessant, sie wurden jedoch unter etwas unübersichtlichen Bedingungen zu hastig ausgeführt und zu schnell abgeschlossen, um tiefergehende Ergebnisse zu liefern. Daneben wurden auch Teile der Kulturen durch Schädlingsbefall zerstört bzw. nicht ausreichend versorgt. So findet sich in den Protokollen oftmals der Hinweis „verwelkt".

Eindeutige und wiederholbare Ergebnisse wurden bei der Kultur im Dunkeln erzielt, bei dem das Phänomen des Etiolierens beobachtet werden konnte. Bei diesem Vergeilen (Etiolement) unterbleibt die Ausreifung des Blattgrüns (die Pflanzen bleiben bleich) und an dünnen, stark verlängerten Sprossen werden schwache Blätter ausgebildet.

GOETHE hat die Ergebnisse dieser Versuche nicht veröffentlicht; es liegen nur ausführliche handschriftliche Protokolle vor. Darin versuchte er auch, eine zusammenfassende Würdigung seiner Beobachtungen zusammenzustellen.

Interessant ist seine Bewertung des Lichts einerseits als „Stoff, der in den Körper eindringt und nachher einen Teil von ihm ausmacht" und andererseits als „Reizmittel, das auf die Körper wirkt, und verschiedene Wirkungen innerhalb derselben hervorbringt". Ohne daß GOETHE imstande gewesen wäre, dies genauer zu begründen, erfaßte er ganz richtig einerseits die Rolle des Lichts als Motor der Assimilation (also der Bildung von Kohlenhydraten aus Kohlendioxid und Wasser unter Lichteinwirkung), andererseits dessen gestaltbeeinflussenden (morphogenetischen) Wirkungen.

Ferner notierte er die grundsätzlich lichtfliehende Wuchsrichtung der Wurzeln und ihre Unbeeinflußbarkeit durch späteren Lichtentzug.

I.21 Die Spiraltendenz der Vegetation

Zu dem Metamorphosegedanken kam in GOETHES späten Jahren die Unterscheidung einer „Vertikaltendenz" und einer „Spiraltendenz" bei Pflanzen. Es gibt hierzu außer einigen Skizzen und Entwürfen nur eine kurze Notiz, die der französischen Übersetzung der Metamorphoseschrift von 1831 beigefügt war.

GOETHE sah die beiden Tendenzen gegensätzlich, aber sich gegenseitig ergänzend. Die „Vertikaltendenz" war ihm „wie ein geistiger Stab, welcher das Dasein begründet und solches auf lange Zeit zu erhalten fähig ist". Zu dem die vertikale Verbindung von Wurzel und Blüten bedingenden aufrechten Wuchs des Achsensystems kommt die „Spiraltendenz" hinzu. Diese erkannte er allerorten und führte zahlreiche Beispiele dazu aus eigenen Beobachtungen und aus daraufhin durchgesehener Literatur auf. Zu der spiraligen Stellung der Laubblätter und Blüten vieler Arten kommt eine ebensolche Stellung der Organe innerhalb einer ganzen Reihe von Blüten sowie die Windebewegungen und der Bau der Ranken (Abb. 36). Im Mikroskopischen fand er diese Tendenz in den mit spiraligen Wandverdickungen ausgestatteten Zellen des Wasserleitungssystems, deren Funktion ihm noch unbekannt war. Die Spiraltendenz war ihm das „Fortbildende, Vermehrende, als solches Vorübergehende". Überwiegt eine der beiden Tendenzen, kommt es zu Entwicklungsstörungen und Mißbildungen. „Keines der beiden Systeme kann alleine gedacht werden, sie sind immer und ewig beisammen ...im völligen Gleichgewicht bringen sie das Vollkommenste der Vegetation hervor". Im weiteren Fortgang der Botanik erwies sich allerdings dieses durch MARTIUS weiter ausgearbeitete Konzept im Gegensatz zum Metamorphosegedanken als nicht fruchtbar und wurde verworfen.

Abb. 36 (links oben): Die Spiraltendenz der Vegetation sah GOETHE besonders in den Ranken der Weinrebe verwirklicht. In seinen Notizen zu diesem Thema von 1831 findet sich die Bemerkung: „Mir ist der Weinstock das höchste Musterbild". Das abgebildete Aquarell stammt von E. STARCK, 1830 (Zentralbibliothek der Weimarer Klassik, Sign.: H, 0: 23; Aufnahme: S. GESKE).

Abb. 37 (rechts oben): An spiralig gedrehten Früchten der Gartenbohne (*Phaseolus vulgaris* L.) sah GOETHE ebenfalls die Dominanz der Spiral- über die Vertikaltendenz. Wie die obige Abbildung der Weinrebe stammt dieses Aquarell aus der Mappe „Zehn kolorierte Handzeichnungen zur Erläuterung der Metamorphose nach GOETHE, gezeichnet von E. STARCK, 1830 (Zentralbibliothek der Weimarer Klassik, Sign.: H, 0: 23; Aufnahme: S. GESKE).

Abb. 38 (rechts): Von MARTIUS für GOETHE angefertigtes Modell zur Spiraltendenz der Pflanzen; Kopie (Stiftung Weimarer Klassik, Goethe-Nationalmuseum, Inv.Nr.: Mö 301/1986; Aufnahme: S. GESKE).

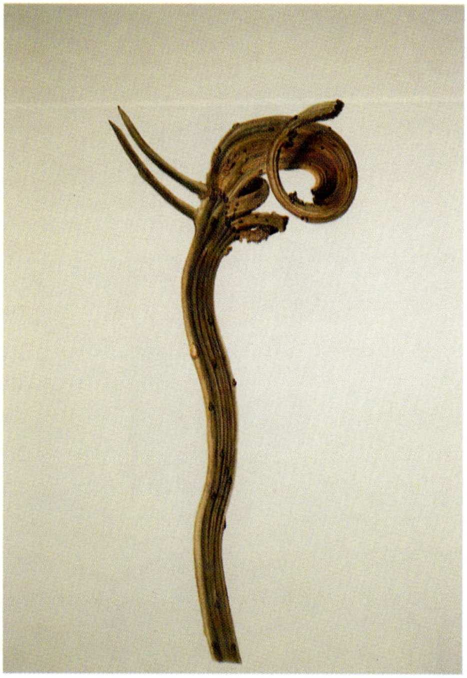

Einer der wesentlichen Gesprächspartner GOETHES zu den Fragen der Spiraltendenz war der Botaniker VON MARTIUS, von dem er sich nach einem Besuch des Münchner Professors in Weimar 1829 ein Modell erbat, das er später auch erhielt. Es stellt die schraubige (spiralige) Anordnung der Blätter an der Sproßachse dar. Abbildung 38 zeigt ein Modell aus den Sammlungen der „Stiftung Weimarer Klassik"; das Original befindet sich im Besitz des Wiener Goethevereins, wohin es aus dem Nachlaß der Schwiegertochter GOETHES gelangt war.

I.22 Mißbildungen und Monstrositäten

In Kenntnis des Vorstehenden verwundert es nicht, sich GOETHE auch für Mißbildungen aller Art interessierte. In den von ihm gesammelten, aber nicht veröffentlichten Zeichnungen zur Metamorphose finden sich eine ganze Reihe solcher Objekte wie Pflanzen mit abnorm aufgetriebenen oder verbreiterten Achsen sowie verbänderte Zweige. Gewährsleute in und um Weimar und Jena kannten das Interesse des Geheimrats und gaben entsprechende Objekte an ihn weiter. Sie dienten ihm zur Illustration seiner Metamorphoselehre und der Spiraltendenz (Abb. 39, 40).

Abb. 39 (oben): Von seinem ehemaligen Schreiber LUDWIG GEIST erhielt GOETHE mehrere Monstrositäten, so auch 1829 die abnorme, aufgetriebene Achse einer Weber-Karde (*Dipsacus sativus* (L.) HONCK.), die 1830 von E. STARCK aquarelliert wurde (Aus der Mappe „Zehn kolorierte Handzeichnungen zur Erläuterung der Metamorphose nach GOETHE"; Zentralbibliothek der Weimarer Klassik, Sign.: H, 0: 23; Aufnahme: S. GESKE).

Abb. 40 (unten): Verbänderter Zweig einer Esche (*Fraxinus excelsior* L.), der als „höchst merkwürdige abnorme Monstrosität" erwähnt und unter dem Aspekt der Spiraltendenz untersucht wurde. Aquarell aus der Mappe „Zehn kolorierte Handzeichnungen zur Erläuterung der Metamorphose nach GOETHE", gezeichnet von E. STARCK, 1830 (Zentralbibliothek der Weimarer Klassik, Sign.: H, 0: 23; Aufnahme: S. GESKE).

Wenngleich man später die Bedeutung solcher Mißbildungen für die Interpretation der pflanzlichen Gestalt einschränkte, bleiben eine ganze Reihe der bereits von GOETHE beobachteten Phänomene in ihrem Wert auch heute noch anerkannt. So wird die Ableitung der Staubblätter von Blumenblättern durch die zahlreichen Übergangsbildungen zwischen beiden Organen, wie sie besonders an gefüllten Blüten auftreten, gestützt (Abb. 14). Verbildete Staubblätter liefern also einen Beleg für die „Herkunft" der Blumenblätter aus ersteren. Ebenso läßt sich durch abnorme Sonderbildungen innerhalb zahlreicher Pflanzengruppen die Ableitung der Kelchblätter von Laubblättern belegen.

Gerade für diese Ableitung der Blütenorgane von Blättern finden sich in den gesammelten Zeichnungen GOETHEs eine Reihe von exemplarischen Mißbildungen, die man bei aufmerksamer Betrachtung und mit ein wenig Glück besonders an Zierpflanzen selbst auffinden kann. Nicht zuletzt ist die berühmte „durchwachsene Rose" in diesem Zusammenhang zu nennen.

I.23 Wissenschaftliche Kontakte

Der Naturforscher GOETHE läßt sich, wie im Vorgesagten deutlich geworden ist, nicht als laienhafter Dilettant einstufen. Dies gilt nicht nur im Hinblick auf die Ernsthaftigkeit und Gründlichkeit seiner Studien und das Gewicht ihrer Ergebnisse, sondern auch hinsichtlich weitreichender wissenschaftlicher Kontakte, von denen hier nur wenige genannt werden können.

In die Botanik eingeführt wurde GOETHE durch Mitglieder der aus dem Dorf Ziegenhain bei Jena stammenden Familie DIETRICH, deren „Stammvater" ADAM DIETRICH (1711–1782) Beziehungen zu LINNÉ und ALBRECHT VON HALLER hatte. Besonders ist sein Enkel FRIEDRICH GOTTLIEB DIETRICH (1765–1850) zu nennen. Er begleitete als Zwanzigjähriger GOETHE nach Karlsbad und führte ihn in die Flora und besonders in den Gebrauch der wissenschaftlichen Pflanzennamen ein. 1792 wurde er herzoglicher Gärtner in Weimar und beteiligte sich an GOETHEs Versuchen zur Wirkung des Lichts auf Pflanzen (vgl. I.20). Später wurde er Professor in Eisenach und verfaßte ein Reihe von Lexika und Handbüchern zur Botanik und Gärtnerei.

CASPAR FRIEDRICH WOLFF (1732 – 1794), seit 1766 Professor an der Akademie in St. Petersburg, war GOETHE persönlich nicht bekannt. Dennoch rühmt er den Anatomen und Botaniker als „trefflichen Vorarbeiter" im Hinblick auf die Erkenntnis der Blattnatur der Blütenorgane und damit die Metamorphoselehre. GOETHE waren die gründlichen und richtungsweisenden entwicklungsgeschichtlichen Untersuchungen (Blatt- und Blütenentwicklung; Entwicklungsgeschichte des Darmkanals) WOLFFs wohl bekannt.

AUGUST JOHANN GEORG CARL BATSCH (1761–1802) (Abb. 41, 42) war in der Entstehungsszeit der Metamorphoseschrift der wichtigste Gesprächspartner und kompetente Gewährsmann in botanischen Fragen (seit Anfang 1786). So erhielt er das druckfertige Manuskript zur kritischen Durchsicht. Nach dem Studium der Naturgeschichte war er zunächst Verwalter der Gräflich-Reußischen Naturaliensammlung in Köstritz, 1788/93 Professor der Botanik in Jena und ab 1794 Direktor des Botanischen Gartens daselbst. Er war ein „edler, reiner, aus sich selbst arbeitender Mann", dessen „zarte Bestimmtheit und Eifer" GOETHE „gar bald zu schätzen wußte". In Deutschland war BATSCH wohl der erste, der 1795 in Jena einen Botanischen Garten nach dem „Natürlichen System" gestaltete. Heute gehört eine Systematische Abteilung zum Grundstock eines jeden Universitätsgartens. 1793 gründete er die Naturforschende Gesellschaft Jena, an

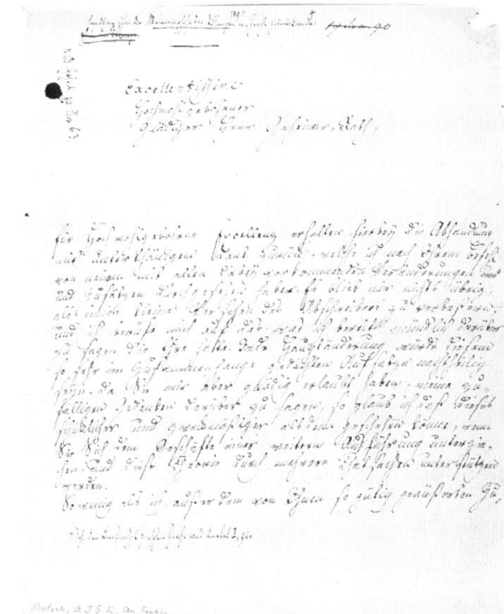

deren Sitzungen GOETHE und SCHILLER häufig teilnahmen.

Seine Nachfolger im Direktorat des Botanischen Gartens von Jena standen ebenfalls in Kontakt mit GOETHE, erreichten aber als Wissenschaftler bei weitem nicht den Rang ihres Vorgängers. Es handelt sich um FRANZ JOSEPH SCHELVER (1778–1832; Gartendirektor 1803/06) und FRIEDRICH SIEGMUND VOIGT (1781–1850; seit 1807 Professor der Botanik und Gartendirektor).

In den späteren Jahren ist besonders CHRISTIAN GOTTFRIED NEES VON ESENBECK (1776–1858) zu nennen. Nach einem Medizinstudium (u.a. bei BATSCH) und einer längeren, fruchtbaren Tätigkeit als Privatgelehrter wurde er 1817 nach Erlangen, 1818 nach Bonn und 1830 als Professor nach Breslau berufen (Abb. 43, 44). Zwischen 1818 und seinem Tod war er Präsident der berühmten „Leopoldinisch-Carolinischen Akademie der Naturforscher" und brachte sie aus einer Krise zur Blüte (USCHMANN 1980). Mit GOETHE stand er in regem Austausch über vielfältigste Themen, gab neue Erkenntnisse rasch weiter (vgl. II.9) und stellte Beiträge für die „Hefte zur Morphologie" zur Verfügung. Insgesamt umfaßt die überlieferte Korrespondenz zwischen NEES und GOETHE etwa 150 Briefe.

Mit dem abschließend zu nennenden CARL FRIEDRICH PHILIPP VON MARTIUS (1794–1868; Abb. 52) begründete NEES die Gattung *Goethea* (vgl. II.2). MARTIUS bereiste zwischen 1817 und 1820 Brasilien, dessen Flora Zentrum seines Lebenswerks blieb. Er war Professor in München, ab 1835

Abb. 41: AUGUST J.G.C. BATSCH (1761–1802), Professor in Jena, erster Direktor des Botanischen Gartens im Fürstengarten zu Jena und bis zu seinem Tod Berater und Gesprächspartner GOETHES in biologischen Fragen (Reproduktion: Botanischer Garten Jena).

Abb. 42: Brief BATSCHS an GOETHE vom 19.1.1790, mit dem er nach der Durchsicht das Manuskript der Metamorphoseschrift zurückschickte: „Ew. Hochwohlgeborne Exzellenz erhalten hierbei die Abhandlung mit untertänigem Dank zurück, ..." (Stiftung Weimarer Klassik, Goethe- und Schiller-Archiv Goethe. Eingeg. Briefe alphab. 174; Aufnahme: S. GESKE).

Direktor des dortigen Botanischen Gartens, begründete und gab die monumentale „Flora Brasiliensis“ heraus (40 Bände; 1840–1906). Mit GOETHE stand er ab 1823 in einem Briefwechsel, der durch mehrere Begegnungen in Weimar ergänzt wurde. Im Mittelpunkt stand dabei vor allem die sogenannte „Spiraltendenz“ sowie MARTIUS’ bedeutendes Werk über die Palmen (vgl. II.1).

Abb. 43: CHRISTIAN GOTTFRIED NEES VON ESENBECK (1776–1858), erster Ordinarius für Botanik in Bonn, Begründer des dortigen Botanischen Gartens und Präsident der „Leopoldina“ von 1818–1858 (Aufnahme W. BARTHLOTT).

Abb. 44: In diesem Brief vom 5.4.1823 kündigte der Bonner Professor NEES VON ESENBECK die Aufstellung der Gattung *Goethea* an: „Ich habe gewagt, den teuren Namen, der in so vielen Herzen lebt, an eine Pflanzengattung zu verleihen, …“ (Stiftung Weimarer Klassik, Goethe- und Schiller-Archiv Goethe Eingeg. Briefe. Naturwiss. Corr.II; Bl. 3-4; Aufnahme: S. GESKE).

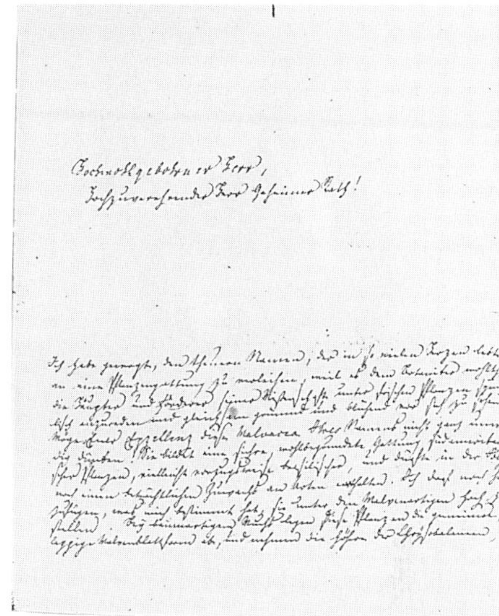

I.24 Großherzog CARL AUGUST und die Botanik

An dieser Stelle soll Großherzog CARL AUGUST (1757–1828; Abb. 45), GOETHES fürstlicher Freund und Förderer nicht vergessen werden (vgl. SENGLE 1998). Er war auf dem Feld der Botanik ein enthusiastischer Liebhaber mit ungemein großem Interesse und breiter pflanzenkundlicher Bildung. So wurde er als „erstes und ordentliches Mitglied“ in die renommierte und noch heute bestehende „Royal Horticultural Society“ (Königliche Gartenbaugesellschaft) in England aufgenommen.

Auf seinen weiten Reisen beschaffte er unermüdlich Zuwachs für die Gärten des Großherzogtums. Zur Unterbringung der Pflanzen sorgte er für den Ausbau der Gewächshäuser und den Neubau eines Palmenhauses im Schloßgarten des Belvedere. Auch der Botanische Garten von Jena wurde nach 1810 mit neuen Gewächshäusern ausgestattet. Mit der Katalogisierung der Pflanzenbestände wurden kompetente Wissenschaftler beauftragt. „Auch die Anschaffung

kostbarer botanischer Werke in die öffentlichen Bibliotheken geht immer fort, ja sie vermehrt und häuft sich“, schrieb GOETHE in seinen „Heften zur Morphologie“. Daneben ließ CARL AUGUST auf Auktionen Pflanzen beschaffen und bei Händlern erwerben. So waren damals die Einrichtungen in Weimar und Jena hervorragende Anlaufstellen für Botaniker und Pflanzenfreunde.

Für GOETHE war CARL AUGUST jedenfalls auch auf dem Gebiet der Botanik ein kompetenter und gleichwertiger Gesprächspartner.

I.25 GOETHE und ALEXANDER VON HUMBOLDT

ALEXANDER Freiherr VON HUMBOLDT (1769–1859), auf naturwissenschaftlichem Gebiet der letzte universale Forscher, hatte zwischen 1799 und 1804 mit AIMÉ BONPLAND die Neue Welt bereist (Abb. 46) und später einen großen Teil seines Lebens und fast sein ganzes, nicht unbeträchtliches Privatvermögen für die Publikation der Ergebnisse dieser Reise verwendet – die fast 40 Folio- und Quartbände stellen die gigantischste Publikation dar, die je ein einzelner unternommen hat. Als erste Lieferung erschienen 1807 die „Ideen zu einer Geographie der Pflanzen nebst einem Naturgemälde der Tropenländer“. Der Freiherr übersandte GOETHE ein Exemplar mit einer Widmung. Der erfreute Empfänger studierte es intensiv und behandelte es in seinen damals regelmäßig stattfindenden „Mittwochsgesell-

Abb. 45 (oben): Bildnis des Großherzogs CARL AUGUST (1757–1828). Öl auf Leinwand von FERDINAND JAGEMANN, 1805 (Stiftung Weimarer Klassik, Herzogin Anna Amalia Bibliothek; Aufnahme: S. GESKE).

Abb. 46 (unten): ALEXANDER VON HUMBOLDT (1769–1859). Portrait von FRIEDRICH G. WEITSCH in idealisierter Tropenlandschaft, 1806 (Staatliche Museen Preußischer Kulturbesitz).

schaften“. Da die von HUMBOLDT angekündigte Abbildung noch fehlte, entwarf GOETHE unter Mitarbeit von JOHANN HEINRICH MEYER ein Schema, das die Höhenstufen der Alten und Neuen Welt gegenüberstellte (Abb. 47). In den „Geographischen Ephemeriden“ wurde 1813 ein auf der Basis dieser Zeichnung hergestellter Kupferstich veröffentlicht, der dann in Paris nachgedruckt wurde.

Mit HUMBOLDT blieb GOETHE in lockerem Kontakt. GOETHE nahm staunend die Vielseitigkeit des Freiherrn zur Kenntnis: „Wohin man rührt, er ist überall zu Hause und überschüttet uns mit geistigen Schätzen. …Einen Brunnen mit vielen Röhren, wo man überall nur Gefäße unterzuhalten braucht und wo es uns immer erquicklich und unerschöpflich entgegenströmt“. HUMBOLDT bekannte umgekehrt, wie ihn GOETHES Naturansichten „gleichsam mit neuen Organen“ ausgestattet hätten.

Abb. 47: Höhenstufen der Alten und Neuen Welt. Aquarellierte Federzeichnung von GOETHE, 1807 (Freies Deutsches Hochstift – Frankfurter Goethe Museum; Inv.Nr. 853; Aufnahme: U. EDELMANN).

I.26 GOETHE und botanische Gärten

Auf seinen Reisen besuchte GOETHE immer wieder Gärten und Parks, darunter auch zahlreiche botanische Gärten. So werden in der „Italienischen Reise“ immer wieder entsprechende Besuche erwähnt.

Besonders verbunden war er mit dem Botanischen Garten der Universität Jena, den er unzählige Male besucht hat. In Jena gab es seit 1579 einen zur Universität gehörenden Heilpflanzengarten, der 1833 aber aufgegeben wurde. Ein zweiter, größerer „Hortus medicus“ bestand zwischen 1640 und 1662 vor der nördlichen Stadtmauer. Auf diesem Gelände wurde nach der Berufung BATSCHS als Professor der Philosophischen

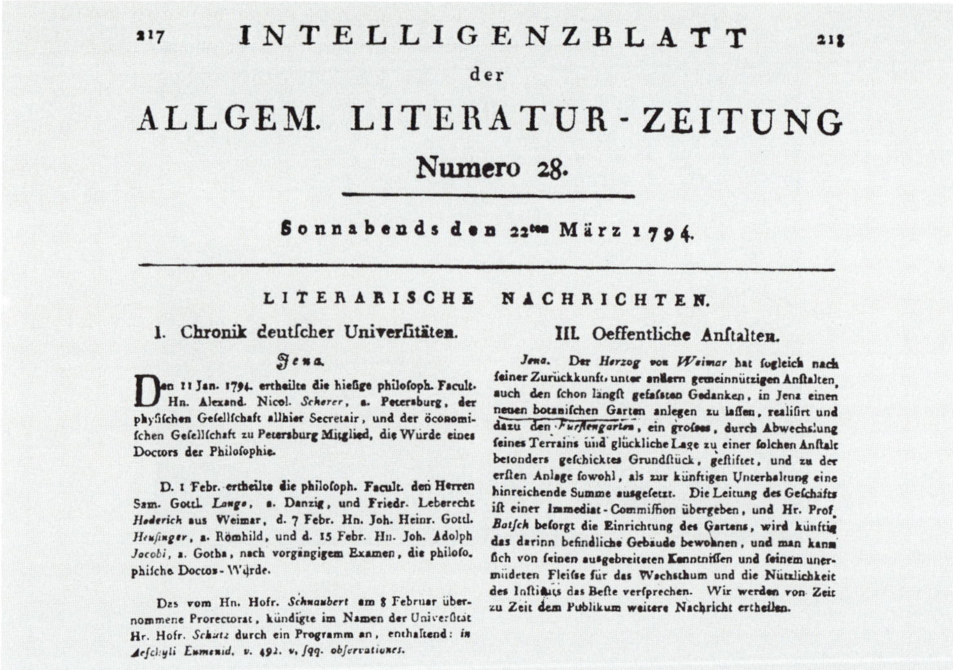

217 INTELLIGENZBLATT 218

der

ALLGEM. LITERATUR-ZEITUNG

Numero 28.

Sonnabends den 22ten März 1794.

LITERARISCHE NACHRICHTEN.

I. Chronik deutſcher Univerſitäten.

Jena.

Den 11 Jan. 1794. ertheilte die hieſige philoſoph. Facult. Hn. Alexand. Nicol. *Scherer*, a. Petersburg, der phyſiſchen Geſellſchaft allhier Secretair, und der öconomiſchen Geſellſchaft zu Petersburg Mitglied, die Würde eines Doctors der Philoſophie.

D. 1 Febr. ertheilte die philoſoph. Facult. den Herren Sam. Gottl. *Lange*, a. Danzig, und Friedr. Leberecht *Hederich* aus Weimar, d. 7 Febr. Hn. Joh. Heinr. Gottl. *Heuſinger*, a. Römhild, und d. 15 Febr. Hn. Joh. Adolph *Jacobi*, a. Gotha, nach vorgängigem Examen, die philoſophiſche Doctor-Würde.

Das vom Hn. Hofr. *Schnaubert* am 8 Februar übernommene Prorectorat, kündigte im Namen der Univerſität Hr. Hofr. *Schütz* durch ein Programm an, enthaltend: *in Aeſchyli Eumenid. v. 492. u. ſqq. obſervationes.*

III. Oeffentliche Anſtalten.

Jena. Der *Herzog von Weimar* hat ſogleich nach ſeiner Zurückkunft, unter andern gemeinnützigen Anſtalten, auch den ſchon längſt gefaſsten Gedanken, in Jena einen neuen botaniſchen Garten anlegen zu laſſen, realiſirt und dazu den *Fürſtengarten*, ein groſses, durch Abwechslung ſeines Terrains und glückliche Lage zu einer ſolchen Anſtalt beſonders geſchicktes Grundſtück, geſtiftet, und zu der erſten Anlage ſowohl, als zur künftigen Unterhaltung eine hinreichende Summe ausgeſetzt. Die Leitung des Geſchäfts iſt einer Immediat-Commiſſion übergeben, und Hr. Prof. *Batſch* beſorgt die Einrichtung des Gartens, wird künftig das darinn befindliche Gebäude bewohnen, und man kann ſich von ſeinen ausgebreiteten Kenntniſſen und ſeinem unermüdeten Fleiſse für das Wachsthum und die Nützlichkeit des Inſtituts das Beſte verſprechen. Wir werden von Zeit zu Zeit dem Publikum weitere Nachricht ertheilen.

Fakultät 1794 mit Unterstützung GOETHES der noch heute bestehende Botanische Garten gegründet. Dies bedurfte offenbar längerer Vorbereitung, denn schon in den „Tag- und Jahresheften“ für das Jahr 1790 findet sich der Hinweis GOETHES: „Ein Botanischer Garten ward vorbereitet“ (Abb. 48).

Zu dessen erstem Direktor wurde BATSCH ernannt, denn „man kann sich von seinen ausgebreiteten Kenntnissen und seinem unermüdeten Fleiße für das Wachstum und die Nützlichkeit des Instituts das Beste versprechen“. Das heute „Goethe-Haus“ genannte Inspektorhaus des Gartens (Abb. 49) entstand im Jahr 1825/26 nach Vorgaben GOETHES anstelle eines baufälligen Gärtnerhauses. Beide Gebäude dienten ihm während seiner Aufenthalte in der Saalestadt oft als Heimstatt. Der vor dem Haus befindliche alte „Goethe-*Ginkgo*“ ist etwa 170 Jahre alt, wurde aber entgegen der Legende wahrscheinlich nicht von GOETHE gepflanzt.

I.27 Der Minister und die „praktische Botanik“

Als Mitglied des Geheimen Rates des Großherzogtums trug GOETHE Regierungsverantwortung, derer er sich besonders zwischen 1776 und 1786 (Italienische Reise) stellte und intensiv widmete. Nach seiner Rückkehr aus Italien wurde er dann von den Regierungsgeschäften teilweise entlastet. Für viele Dinge war er in diesen ersten Weimarer Jahren verantwortlich – so ging es um Rekrutenaushebung, Brandbekämpfung, Bergbau und heikle Verwaltungsprobleme des Herzogtums mit seinen vier, durch Erbanfall zusammengekommenen Landesteilen.

Neben der „Industrieförderung“ fiel auch die Landwirtschaft unter seine Verantwortlichkeit. Seit 1779 war der Engländer GEORGE BATTY, ein Fachmann für Wiesenbewässerung, Dammbauten und Bodenmelioration als hochgeschätzter Fachmann in Weimar tätig. GOETHE lobte ihn in seinen Tagebüchern: „Wenn er handeln soll, greift er grad das an, was jetzt nötig ist“ (14.7.1779) und „Das ist mein fast einziger lieber Sohn, an dem ich Wohlgefallen habe, so lange ich lebe, solls ihm weder fehlen an nassem noch trocknem“ (13.5.1780). Der so gerühmte Landkommissar blieb in Weimar und starb hochbetagt 1821.

Daneben förderte GOETHE den Anbau fremdländischer Gehölze in den Wäldern des Großherzogtums und bemühte sich um die Verbesserung des Rebenanbaus.

Im Jahr 1824 stellte GOETHE im Rückblick seine Bemühungen um die „Pflanzenkultur im Großherzogtum Weimar“ zusammen.

Abb. 48 (oben): Faksimile der Anzeige zur Einrichtung des Botanischen Gartens in Jena aus dem „Intelligenzblatt der Allgemeinen Literatur-Zeitung“ vom 23. März 1794 (Reproduktion: Botanischer Garten Jena).

Abb. 49 (unten): Inspektorenhaus des Botanischen Gartens Jena mit „Goethe-Ginkgo“ im linken Bilddrittel (Aufnahme: H. DIETRICH).

Teil II: GOETHE-Pflanzen

In einem zweiten Teil sollen Pflanzen vorgestellt werden, die in GOETHES Leben und innerhalb seiner wissenschaftlichen Bestrebungen eine besondere Rolle gespielt haben. Hier wird man sicherlich eine Reihe von „alten Bekannten“ finden, aber auch einige Pflanzen, deren Verbindung zu ihm weniger bekannt ist. Daneben soll dem Pflanzen- und Gartenfreund GOETHE Rechnung getragen werden.

II.1 Palmen

Am Anfang soll eine Pflanze stehen, die GOETHE nachweislich gesehen hat: es handelt sich um ein Exemplar der im Mittelmeerraum beheimateten Zwergpalme *Chamaerops humilis*, die er während der Italienischen Reise im Botanischen Garten zu Padua im September 1786 auf seinem Weg von Ferrara nach Rom beobachtete. Diese Palme war im Jahre 1585 gepflanzt worden, ist heute vielstämmig und ca. 5 m hoch. Seit 1874 ist sie während der Herbst- und Wintermonate vollständig von einem Glashaus in Tempelform umgeben. Im Reisebericht wurde sie noch nicht eigens erwähnt, erst später, als GOETHE die „Geschichte seiner botanischen Studien“ mitteilte, wurde sie ausführlich gewürdigt: „Eine Fächerpalme zog meine ganze Aufmerksamkeit auf sich; glücklicherweise standen die einfachen, lanzenförmigen ersten Blätter noch am Boden, die sukzessive Trennung derselben nahm zu, bis endlich das Fächerartige in vollkommener Ausbildung zu sehen war. Aus einer

Seit 1874 schmückt eine Gedenktafel den Glastempel um die „Goethe-Palme“: Ihre Inschrift lautet (nach CAPPELLETTI mündl., vgl. auch IPSER 1987):

a 1585 Chamaerops humilis L.
v. arborescens [(Pers.) Steud.]
Ponted Palmae

Giovanni Wolfgango Goethe Poeta e naturalista Di qua trasse nel MDCCLXXXVI Il concetto e le prove Della sue metamorfosi delle piante.	Johann Wolfgang Goethe Dichter und Naturforscher Der 1786 hier entdeckte Das Konzept und den Beweis Seiner Metamorphose der Pflanzen.
Roberto de Visiani	Roberto De Visiani
Perchè non mancasse a' posteriori La palma che La ispirò Ne riparava nel MDCCCLXXIV La vetusta gloriosa	Damit den Nachkommen nicht fehle Die Palme, die ihn inspirierte. Ihr schützte er 1874 so Ihr glorreiches Alter.

spathagleichen Scheide trat zuletzt ein Zweiglein mit Blüten hervor, und erschien als ein sonderbares, mit dem vorhergehenden Wachstum in keinem Verhältnis stehendes Erzeugnis, fremdartig und überraschend. Auf mein Ersuchen schnitt mir der Gärtner die Stufenfolge dieser Veränderungen sämtlich ab, und ich belastete mich mit einigen großen Pappen, um diesen Fund mit mir zu führen. Sie liegen, wie ich sie damals mitgenommen, noch wohlbehalten vor mir, und ich verehre sie als Fetische, die meine Aufmerksamkeit zu erregen und zu fesseln völlig geeignet, mir eine gedeihliche Folge meiner Bemühungen zuzusagen schienen“. Gerade Palmen sind wegen ihrer teilweise hochkomplexen Blätter, die aber in der Jugendform alle einheitlich einfach sind, geradezu Paradebeispiele für Blattmetamorphosen.

GOETHE kannte nun aus dieser Familie nicht allzuviele Vertreter, allerdings begrüßte er im hohen Alter ein ausschließlich den Palmen gewidmetes Werk mit dem Titel „Historia naturalis Palmarum“ („Die Naturgeschichte der Palmen“) des mit ihm befreundeten Münchner Botanikers CARL FRIEDRICH PHILIPP VON MARTIUS (1794–1868) auf das Enthusiastischste. MARTIUS

Abb. 50 (links): Die Goethe-Palme im Botanischen Garten Padua wurde 1545 gepflanzt. GOETHE sah dieses stattliche Exemplar der mediterran verbreiteten Zwergpalme (*Chamaerops humilis* L.) 1786; seit 1874 ist sie von einem Glashaus in Tempelform umgeben (Aufnahme: Botanischer Garten, Padua).

Abb. 51 (rechts): Beleg aus GOETHES Herbarium mit drei Blättern der Zwergpalme. Möglicherweise handelt es sich um die in Italien gesammelten Blätter (Stiftung Weimarer Klassik, Goethe-Nationalmuseum; Aufnahme: S. GESKE).

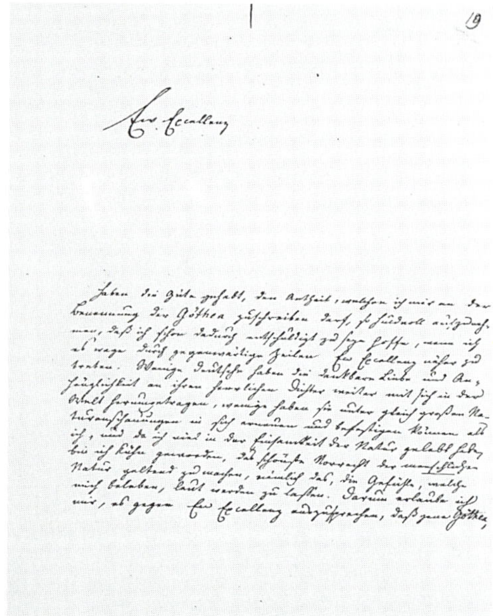

hatte zwischen 1817 und 1820 eine Reise durch Brasilien unternommen. Zusammen mit dem Zoologen JOHANN BAPTIST VON SPIX (1781–1826) legte er dabei über 10 000 Kilometer zurück. Während dieser Reise wurden zahlreiche Tier- und Pflanzenarten

Abb. 52 (oben links): CARL F. PH. VON MARTIUS (1794–1868), Direktor des Botanischen Gartens München, Verfasser u.a. der „Historia Naturalis Palmarum", der „Genera et Species Palmarum" sowie der Begründer der „Flora Brasiliensis" (Aufnahme: J. GRAU).

Abb. 53 (oben rechts): Erster Brief von MARTIUS an GOETHE,vom 23.10.1823: „Ew. Exzellenz haben die Güte gehabt, den Anteil, welchen ich mir an der Benennung der *Goethea* zuschreiben darf, so huldvoll anzunehmen, dass ich schon dadurch entschuldigt zu sein hoffe, wenn ich es wage, durch gegenwärtige Zeilen Ew. Exzellenz näher zu treten. …" (Stiftung Weimarer Klassik, Goethe- und Schiller-Archiv Goethe. Eingeg. Briefe Naturw. Corr. III; Bl. 19-21; Aufnahme: S. GESKE).

Abb. 54 (unten links): Bei der Besprechung von MARTIUS' Palmenwerk hob GOETHE besonders die prachtvollen Bildtafeln hervor. Die Abbildung zeigt *Cocos capitata* MART. (Aufnahme: J. GRAU).

neu beschrieben und dokumentiert und umfangreiche ethnologische Sammlungen angelegt (Eine Ausstellung zu diesem Teilaspekt war im Herbst 1994 in der „Kunsthalle Schirn“ in Frankfurt zu sehen; vgl. HELBIG 1994).

Als Ergebnis der Reise wurde neben einem ausführlichen Reisebericht von MARTIUS das größte bisher von einem einzelnen initiierte Florenwerk in Angriff genommen: 1840 erschien der erste Band der „Flora Brasiliensis“, die erst 38 Jahre nach seinem Tod abgeschlossen wurde und in 40 Teilbänden über 23 000 Pflanzenarten vorstellte.

Aufgenommen wurde der letztlich durch die Vermittlung von NEES zustande gekommene Briefwechsel zwischen MARTIUS und GOETHE 1823 durch die Übersendung der ersten beiden Lieferungen des bereits erwähnten Palmenwerks, das nach seiner Fertigstellung im Jahr 1850 drei großformatige Bände umfaßte (Abb. 53, 54). In den „Heften zur Morphologie“ würdigt es GOETHE ausführlich und ALEXANDER VON HUMBOLDT pries es mit den Worten: „Solange man Palmen kennt und Palmen nennt, wird auch der Name MARTIUS nicht vergessen sein“.

II.2 *Goethea* NEES & MART.

Es ist in den Naturwissenschaften Brauch, bei der Benennung von Pflanzen- oder Tierarten, von Mineralien oder geographischen Lokalitäten, diese nach verdienten Kollegen oder Förderern zu benennen. So geschah es auch mehrfach im Falle GOETHES.

Bereits 1793 beschrieb der Jenaer Professor AUGUST BATSCH eine Rachenblütler-(Scrophulariaceen-)gattung als *Goethia*. Aus Prioritätsgründen konnte sich dieser Name nicht durchsetzen; die fragliche Gattung trägt seit langem den Namen *Bacopa* AUBL.

Abb. 55: *Goethea cauliflora* NEES im Palmengarten Frankfurt (Aufnahme: H. STEINECKE).

Der Vollständigkeit halber sei angemerkt, daß es ein Eisenmineral mit dem Namen *Goethit* gibt, das etwa 1806 durch den Pfarrer und Mineralogen ACHENBACH und den Bergrat ENGELS (beide Siegen) benannt wurde. Die Dedikation eines Gipfels der Arrowsmith-Range nördlich des Mt. Cook in den Neuseeländischen Alpen durch den in Bonn geborenen Geographen HAAST hat sich dagegen nicht durchgesetzt; der Name ist auf heutigen Karten des Gebiets nicht mehr verzeichnet (AIKMAN mündl.). Gleiches gilt für einen Knochen am Nagerschädel; auch hier konnte sich eine GOETHE ehrende Benennung nicht durchsetzen.

Vielfach sind Sorten von Gartenblumen nach GOETHE benannt worden, so verschiedene Rosen, Dahlien und Gladiolen und bereits 1780 eine Nelke.

In der botanischen Wissenschaft aber hat sich der Name *Goethea* für eine Gattung der Malvengewächse bis auf den heutigen Tag gehalten: In den Jahren von 1815 bis 1817

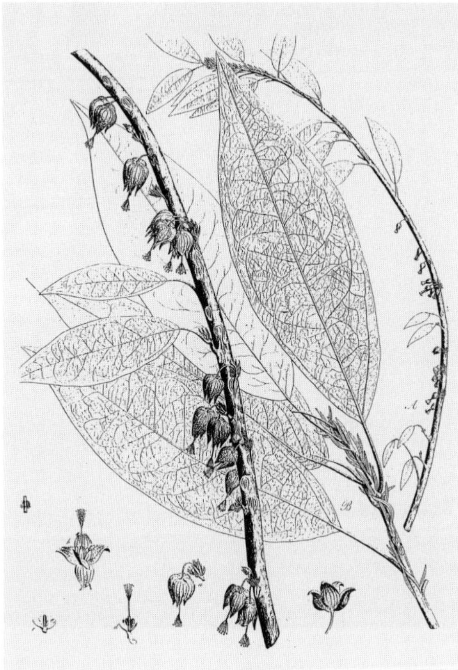

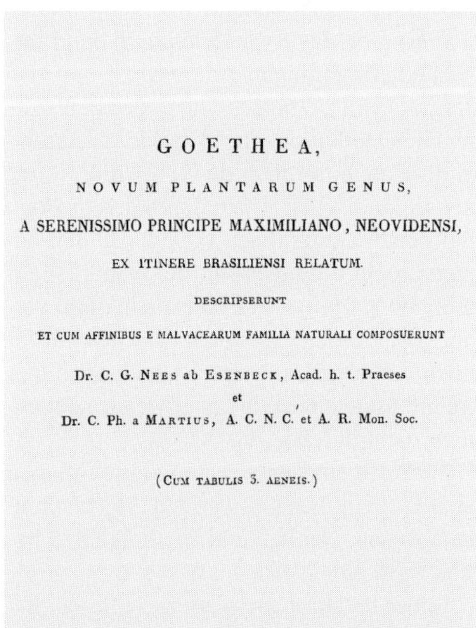

GOETHEA,

NOVUM PLANTARUM GENUS,

A SERENISSIMO PRINCIPE MAXIMILIANO, NEOVIDENSI,

EX ITINERE BRASILIENSI RELATUM.

DESCRIPSERUNT

ET CUM AFFINIBUS E MALVACEARUM FAMILIA NATURALI COMPOSUERUNT

Dr. C. G. Nees ab Esenbeck, Acad. h. t. Praeses

et

Dr. C. Ph. a Martius, A. C. N. C. et A. R. Mon. Soc.

(Cum tabulis 3. aeneis.)

bereiste Prinz MAXIMILIAN ALEXANDER PHILIPP ZU WIED-NEUWIED (1782–1867) Brasilien. 158 der auf dieser Reise gesammelten Pflanzen (davon zahlreiche neue Arten und Gattungen) wurden von den beiden Botanikern NEES VON ESENBECK und VON MARTIUS bearbeitet. Unter diesen befanden sich auch mehrere Malvengewächse, darunter auch Arten, für die von NEES bereits 1821 die Gattung *Goethea* mit den Arten *G. semperflorens* und *G. cauliflora* aufgestellt hatte. Eine ausführlichere Darstellung dieser Widmung und ihrer Vorgeschichte wurde in SCHNECKENBURGER 1996 vorgestellt.

Nach bisheriger Auffassung umfaßt die Gattung *Goethea* ein bis zwei Arten in Brasilien, die sich nur wenig voneinander unterscheiden. Nächstverwandt ist die Gattung *Pavonia* CAV., zu der heute auch die von NEES und MARTIUS als *Goethea semperflorens* abgebildete Art gestellt wird. Die Arten beider Gattungen besitzen einen unterhalb der Kelchblätter inserierenden Hüllkelch (Involucrum), der die gesamte Blüte mehr oder weniger umschließt und bei *Goethea cauliflora* den Blütenaspekt bestimmt. Von den Vertretern der Gattung *Pavonia* sind die *Goethea*-Arten durch die breit herzförmigen Blättchen des vier- bis sechszähligen Hüllkelchs unterschieden. Bei Pavonien sind sie

Abb. 56 (oben links): *Goethea cauliflora* NEES. Kupferstich aus der Gattungsübersicht von NEES und MARTIUS 1823. (Bibliothek des Palmengartens).

Abb. 57 (unten links): Titelblatt der Gattungsübersicht von 1823 aus den „Nova Acta" der Leopoldina (Bibliothek des Palmengartens).

Abb. 58 (rechts): *Pavonia semperflorens* (NEES) GARCKE wurde als *Goethea semperflorens* beschrieben. GOETHE erbat sich ein koloriertes Exemplar der Tafeln, die der Gattungsübersicht von NEES und MARTIUS 1823 beigefügt waren. Kolorierter Kupferstich von EDUARD JOSEPH D'ALTON nach TH. WILD, 1823 (Stiftung Weimarer Klassik, Goethe-Nationalmuseum, Goethes Kunstsammlung, Inv.Nr. 2202; Aufnahme: S. GESKE).

Vol. II.
VII.
Göthea semperflorens N. et M.
Th. Wild del.

schmaler und in größerer Anzahl vorhanden. Charakteristisch ist die auch für den Namen verantwortliche Stammblütigkeit (Kauliflorie), d.h. die Blüten entstehen an Ästen oder am Stamm (bis hin zur Basis unmittelbar über dem Boden). Die büschelige Anordnung der Blüten beruht auf der Ausbildung serialer Beiknospen.

In den „Nova Acta", dem unter der Präsidentschaft von NEES VON ESENBECK zur Blüte gebrachten Publikationsorgan der Leopoldinisch-Carolinischen Akademie der Naturforscher, wurde 1823 ein zusammenfassender Beitrag zur Gattung *Goethea* veröffentlicht, in dem auch die beiden damals bekannten Arten *G. cauliflora* und *G. semperflorens* abgebildet waren (Abb. 56–58).

GOETHE erbat sich kolorierte Exemplare dieser beiden Tafeln, die er später auch erhielt und die noch heute in den Sammlungen Weimars aufbewahrt werden.

Dem Beitrag von NEES und MARTIUS war folgender Widmungstext vorangestellt:

„GOETHIO, patriae decori, Florae deliciis, sempiternum laete hoc vigeat monumentum."
übersetzt:

„GOETHE, der Zierde des Vaterlandes, zum Entzücken Floras. Möge dies immerfort als Erinnerungszeichen freudig blühen und gedeihen."

GOETHE, der die Publikation noch vor ihrem offiziellen Erscheinen erhielt, war tief beeindruckt und bedankte sich mehrfach für die Ehrung. Den Dank stattete er sowohl persönlich als auch öffentlich ab: An NEES schrieb er am 24.3.1823: „Daß Sie mich bei so einer herrlich ausgezeichneten Pflanze zum Gevattersmann berufen und meinem Namen dadurch eine so schöne Stelle unter den wissenschaftlichen Gegenständen anweisen, ist, wie Sie selbst fühlen und bemerken, im gegenwärtigen Augenblick doppelt rührend und eingänglich. Wenn man nahe dran war, sich selbst aufzugeben und nun wieder mit Wohlwollen und öffentlichem Zeugnis desselben überhäuft wird, so erregt dies ein Gefühl, dem man sich nicht hingeben, gegen das man sich eher ins Gleichgewicht setzen müßte".

GOETHE bezog sich dabei auf eine gerade überstandene schwere Erkrankung, die ihn an den Rand des Todes gebracht hatte. Aber auch öffentlich stattete er seinen Dank ab. In einem kleinen, „Dankbare Gegenwart" überschriebenen Aufsatz bemerkte er: „Zu gleicher Zeit kommt mir vom Rheinstrom her neue Freude: zwei Männer, deren geregelte Tätigkeit ihrer umfassenden richtigen Ansicht gleich ist, wovon ich den einen als ältern verbündeten Freund, den andern als glücklich erworbenen ansprechen darf, die Herren NEES VON ESENBECK und VON MARTIUS, vereinigen sich, mir eine bedeutende, von hoher Hand in fernen Gegenden gewonnene Pflanze zuzuschreiben und meinen Namen dadurch in dem sich immer weiter ausdehnenden Naturkreise, worin ich mich nach meiner Art lebenslänglich bewege, ein ehrenvolles Denkmal aufzustellen".

II.3 Eine erste Liebe – Enzian

Man kann im Falle GOETHES recht genau feststellen, welche Pflanzengruppe ihn wissenschaftlich zuerst in ihren Bann schlug. Man muß hier natürlich von den bereits erwähnten Kindheits- und Jugenderfahrungen und auch von der Gestaltung des Gartens am Stern absehen, sondern nach dem Beginn des spezifisch botanischen Interesses fragen. Und hier findet sich in dem bereits erwähnten Rückblick GOETHES auf seine botanischen Studien von 1817 ein Hinweis. Er bezieht sich auf eine Reise im September 1781 durch den Thüringer Wald, näherhin wahrscheinlich das waldig-wiesige Schwarzatal. Ausführlicher wurde dies dann in der späten Fassung von 1831 ausgebreitet: „Hier spielte nun der Enzian eine große Rolle, und es war eine angenehme Bemühung, dieses reiche Geschlecht nach seinen verschiedenen Gestalten als Pflanze und Blüte, vorzüglich aber die heilsame Wurzel näher zu betrachten. Dieses war das erste Geschlecht, was mich im eigentlichen Sinne anzog, dessen Arten kennenzulernen ich auch in der Folgezeit bemüht war" (vgl. SCHMID 1942).

Bei den in Thüringen von GOETHE beobachteten Arten handelt es sich wahrscheinlich um den Kreuz-Enzian (*Gentiana cruciata*), den Lungen-Enzian (*Gentiana pneumonanthe*), den Bitteren (*Gentianella amarella*) und den Gefransten Enzian (*Gentianella ciliata*). Die Gattung *Gentiana* ist nach heutigen Kenntnissen außerordentlich umfangreich. Bezieht man die damals noch nicht als eigenständige Sippe betrachtete Gattung *Gentianella* mit ein, wurden weltweit insgesamt knapp 500 Arten beschrieben, von denen etwa 50 in Europa vorkommen.

Noch im Alter behandelt GOETHE die Gattung „mit Achtung" als eine charaktervolle, deren Vertreter „sich nicht leicht in Varietäten verlieren". „Lüderlich" und „charakterlos" hingegen bewertet er in diesem Sinne die Rosen, besonders die Hundsrose (*Rosa canina*).

GOETHE war schon in früher Jugend mit der Gattung aus literarischer Sicht bekannt geworden. Hier ist der seinerzeit sehr bekannte Schweizer ALBRECHT VON HALLER (1708 – 1777) zu nennen. Er war ein universaler Naturforscher, Arzt, Anatom und Schriftsteller, der nach der Aussage HERDERS eine „Alpenlast von Gelehrsamkeit"

Abb. 59 (oben): *Gentiana clusii* E. PERR. & SONG. in den Dolomiten. Er gehört in die Verwandtschaft der „stengellosen" Enziane (Aufnahme: I. BEIMS).

Abb. 60 (unten): Der Gelbe Enzian (*Gentiana lutea* L.) wird bis zu 2m hoch (Aufnahme: H. STEINECKE).

auf sich trug. In seiner die kraftvoll-reine Natur- und Menschenwelt des Hochgebirges verherrlichenden Dichtung „Die Alpen“ (1732), die der junge Goethe in seinem Elternhaus vorfand und die er gut kannte, finden sich die Verse:

„Dort ragt das hohe Haupt am edlen Enziane
Weit übern niedern Chor der Pöbel-Kräuter hin;
Ein ganzes Blumen-Volk dient unter seiner Fahne,
Sein blauer Bruder selbst bückt sich und ehret ihn.
Der Blumen helles Gold, in Strahlen umgebogen,
Türmt sich am Stengel auf und krönt sein grau Gewand;
Der Blätter glattes Weiß, mit tiefem Grün durchzogen,
Bestrahlt der bunte Blitz von feuchtem Diamant;
Gerechtestes Gesetz! daß Kraft sich Zier vermähle;
In einem schönen Leib wohnt eine schönre Seele“.

Gerade dieses Gedicht HALLERS hatte einen überwältigenden Eindruck auf seine Zeitgenossen hinterlassen und war mit ein Anlaß für die sich ausbreitende Begeisterung für die Alpenlandschaft. GOETHE war sicherlich die Erinnerung an diese Zeilen mit der Schilderung des hochwüchsigen Gelben (*Gentiana lutea*) und eines kleinwüchsigen, blaublühenden Enzians (*Gentiana acaulis*, *G. clusii* o. ä.) lebendig, als er Vertreter dieser Gattung zum ersten Mal bewußt in der Natur wahrnahm. Es ist belegt, daß er versuchte, im eigenen Garten gerade den Stengellosen Enzian (*G. acaulis*), für uns geradezu der Typus eines blauen Enzians, zu kultivieren. Noch 1822 ist eine entsprechende Bestellung belegt. Auch literarisch kommen sie beim alten GOETHE noch einmal zu Ehren: unter den ersten Alpenpflanzen, die der junge Felix in dem Roman „Wilhelm Meisters Wanderjahre“ kennenlernt, ist der Enzian: „Die Gestalt einiger fremder Bäume erregte die Aufmerksamkeit des Felix, der nunmehr mit den Lärchen- und Zirbelbäumen zuerst Bekanntschaft machte und von den wunderbaren Gentianen angezogen ward“.

II.4 *Campsis radicans* (L.) SEEM. ex BUR. – die Trompetenwinde

Als GOETHE 1786 auf seiner Italienischen Reise in den Botanischen Garten von Padua kam, der als der älteste Botanische Garten der Welt gilt (gegründet 1545), „leuchtete“ ihm „zauberisch“ eine „hohe und breite Mauer mit den feuerroten Glocken der Trompetenwinde *Bignonia radicans*“ (heute: *Campsis radicans*) entgegen. Diese stammt aus Nordamerika, gehört zur Familie der Bignoniengewächse und wurde um 1640 in die gärtnerische Kultur eingeführt. Heute erfreut sie sich dank der Züchtung kälteresistenterer Sorten zunehmender Beliebtheit.

GOETHE schrieb später: der reiche Blütenflor „machte einen solchen Eindruck auf mich, daß ich dieser Pflanze besonders gewogen blieb und, wo ich sie in botanischen Gärten antraf, in den Weimarischen Anlagen, wo sie mit Neigung gepflegt ward, auch im eigenen Garten immer mit besonderer Aufmerksamkeit betrachtete“. Aber nicht nur die Schönheit faszinierte den Naturforscher, sondern er fand an der Rückseite der Knoten „drüsenartige Auswüchse, welcher einer Traube an Gestalt ähneln“. Darüber hinaus stellt er fest, daß sich dieses „Organ“ nur an den z.B. einer Gebäudemauer zugewandten Schattenseiten der Sprosse findet. Er fragte sich in einer von ihm nicht veröffentlichten Arbeit, ob diese „Organe“ auch

Wurzeln schlagen und schrieb ihnen eine wichtige Funktion bei der Wasserversorgung der kletternden Sprosse zu.

Daß es sich hierbei tatsächlich um besonders modifizierte, in ihrer Zahl stark erhöhte und in ihrem Längenwachstum gehemmte Wurzeln handelt, erbrachten allerdings erst spätere Untersuchungen (Abb. 62; vgl. TROLL 1937 – 1943).

II.5 Pietra fungaja – pilzkundliche Studien GOETHES

Nicht nur Samenpflanzen, sondern auch Farne, Moose, Pilze und Algen beschäftigten GOETHE. Dies wird nicht zuletzt durch sein Herbarium belegt, wo von insgesamt 1921 Nummern etwa 300 auf diese Gruppen verweisen.

Pilzkundliche Studien, wenngleich gering in ihrem Umfang, belegen, wie breit GOETHES botanische Interessen gestreut waren. Sie betreffen Schimmelpilze, Rost- und Brandpilze sowie Ruß und Mehltau. Dennoch bekannte er 1816: „Ich bin mit diesen Geschöpfen auf der Nachtseite, die am Tageslicht mikroskopisch und dem unbewaffneten Auge entzogen sind, wenig bekannt".

Intensiver war die sich über elf Jahre hinziehende, durch eine Reihe von Briefen und Notizen im Nachlaß belegte Beschäftigung mit einem heute als *Polyporus tuberaster* bezeichneten Pilz. Auf ihn wurde er 1809 in einer Reisebeschreibung aus Italien aufmerksam und erhielt ein Jahr später ein Exemplar dieses Pilzkörpers aus Apulien. Bei diesem erdbewohnenden Pilz verwächst das Pilzgeflecht (Myzel) mit Bodenpartikeln zu

Abb. 61 (oben): Trompetenwinde (*Campsis radicans*; Aufnahme: H. STEINECKE).

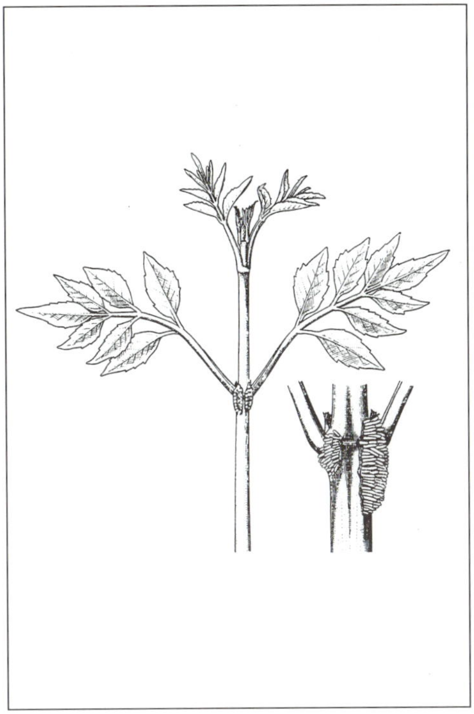

Abb. 62 (unten): Triebende der Trompetenwinde von unten mit zwei Wurzelpolstern an den unteren Knoten (links), Sproßstück mit entwickelten Haftwurzeln (rechts; nach TROLL 1937-43).

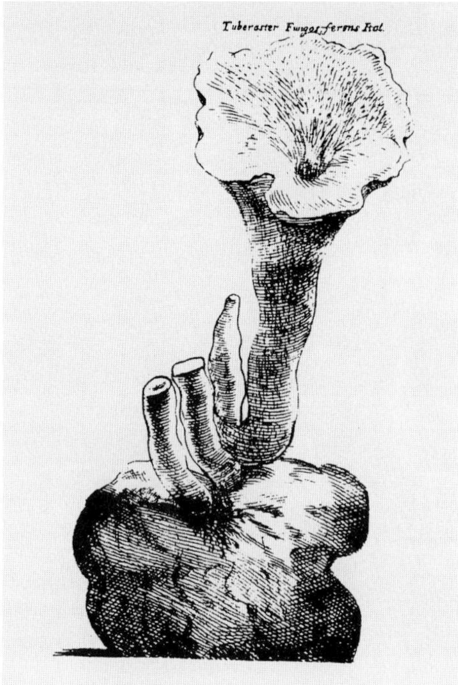

einem steinähnlichen Gebilde, das längere Zeit hindurch immer wieder neue Fruchtkörper erzeugen kann. Dieses steinartige Gebilde ist als Dauerzustand dieses Porlings aufzufassen. Während Goethe zunächst daran interessiert war, eßbare Pilze daraus zu ziehen, faszinierte ihn vor allem die scheinbare Mittelstellung des Organismus zwischen belebter und unbelebter Natur. Dies kam nicht zuletzt auch in der volkstümlichen Bezeichnung „Pietra fungaja" – „Pilzstein" zum Ausdruck. Der Pilzkörper schien Goethe „auf der Grenzscheide zwischen Mineral- und Vegetabilreich" zu stehen, „sich aber mehr zum letzten zu neigen" (Abb. 63).

Nachdem mehrere Kulturversuche – nicht zuletzt durch die Nachlässigkeit Goethes – fehlgeschlagen waren, wurden durch den Chemiker Döbereiner Teile chemisch analysiert und von diesem die Ergebnisse auch publiziert. Eine von Goethe ins Auge gefaßte Publikation seiner Erkenntnisse kam nicht zustande. Später griff er dieses Thema in der Korrespondenz mit dem Botaniker Nees von Esenbeck noch einmal auf.

II.6 Goethes Wacholder

Goethe hatte seit seiner Zeit in Weimar ein besonderes Verhältnis zu Bäumen. Eine große Zahl von ihnen hatte er in seinem Garten am Stern mit eigener Hand gepflanzt und sie gaben ihm „mit ihrer stillen, leidlosen Vegetation" Erbauung und Trost.

Auch in seiner dienstlichen Tätigkeit als Minister kam er mit Problemen der Forstwirtschaft in Berührung. Kontakte pflegte er zum Beispiel auch zu der berühmten dendrologischen Sammlung von Harbke (nahe Helmstedt).

Alte Bäume waren ihm Gegenstand besonderer Verehrung – an seinem letzten Geburtstag im Jahr 1831, den er in Ilmenau verbrachte, unternahm er eine Fahrt nach Martinroda und „begrüßte noch einmal die dicke Eiche, die ich nun schon bald sechzig Jahre kenne". Vor der Wurzel eines solchen Baums hatte Goethe „ebensoviel Respekt wie vor dem Fundament des Kölner Doms".

Einen besonderen alten Baum beherbergte Goethes Garten am Stern. Es handelte sich um einen Wacholder, der wohl schon bei der Anlage des Gartens hundert Jahre zuvor vorhanden war. Dieser alte Baum überlebte Goethe nicht. In seinen „Annalen" für das Jahr 1809 vermerkte er: „Von Naturereignissen erwähne ich des gewaltigen Sturms in der Nacht vom 30. auf den 31. Januar, welcher … einen alten ehrwürdigen Wacholderbaum in meinem Garten am Sterne niederwarf und so einen Zeugen

Abb. 63: Der Pilzstein „Pietra fungaja" (*Polyporus tuberaster*) nach Boccone 1697 (aus Schmid 1934).

glücklicher Tage von meiner Seite riß". Der Baum wurde gezeichnet, vermessen und aus seinem Holz wurden eine Reihe kleiner Gebrauchsgegenstände gefertigt, die besonders in Ehren gehalten wurden. 1819 entwarf GOETHE folgende Bildunterschrift: „Oben gezeichneter Wacholder-Baum stand in dem ehemaligen sogenannten Duks-Garten, jetzt des Herrn Geheimerats von Goethe, am Stern. Die Höhe vom Boden bis dahin, wo er sich in zwei Äste teilte, war 12 hiesige Fuß, die ganze Höhe 43 Fuß. Unten an der Erde hielt er 17 Fuß im Durchmesser, da wo sich die beiden Äste teilten, 15 Zoll; jeder Ast 11 Zoll und nachher fiel es ab bis sich die Spitzen ganz zart verzweigten. Von seinem äußerst hohen Alter wagt man nichts zu sagen. Der Stamm war inwendig vertrocknet, das Holz desselben mit horizontalen Rissen durchschnitten, wie man sie an den Kohlen zu sehen pflegt, gelblicher Farbe und durchaus von Würmern zerfressen. Der große Sturm, welcher vom 30sten bis 31sten Januar 1809 in der Nacht wütete, riß ihn um. Ohne dieses außerordentliche Ereignis hätte er noch lange stehen können. Die Wipfel der Äste, so wie die Enden der Zweige waren durchaus grün und lebendig" (Abb. 64).

Abb. 64: Gestürzter Wacholder mit Unterschrift GOETHES von 1819. Kolorierte Zeichnung von A. TEMMLER, entstanden zwischen 1808 und 1819 (Stiftung Weimarer Klassik, Goethe-Nationalmuseum Inv.Nr. Gr 104/1992; Aufnahme: S. GESKE).

II.7 Ein weiterer „Flügelmann" der Metamorphose: die Herkulesstaude – *Heracleum* spec.

Als eine der sicherlich als solche am wenigsten bekannten GOETHE-Pflanzen kann die heutzutage gefürchtete und vielerorts aufgrund ihrer alles dominierenden und unterdrückenden Konkurrenzkraft bekämpfte Herkulesstaude *Heracleum mantegazzianum*

(oder eine andere Art der hochwüchsigen Bärenklau-Sippen) gelten. Erst in den beiden letzten Lebensjahren GOETHES rückte diese Pflanze in seinen Gesichtskreis und wurde bestaunt, untersucht und Freunden vorgestellt – eine regelrechte „Altersfreundschaft".

Im Botanischen Garten zu Jena war GOETHE im Jahre 1828 auf „das *Heracleum speciosum*, *giganteum*, oder wie man es heißen will, gebürtig vom Kaukasus, woher es uns zugekommen (auch wohl von den Pyrenäen und im südlichen Frankreich zu finden)" aufmerksam geworden. Im Tagebuch findet man unter dem 7. Juli die Eintragung: „(Jena): Abgestiegen im Botanischen Garten … *Heracleum speciosum* betrachtet und bewundert …". Man kann sich über die von Goethe gemeinte Art nicht ganz sicher sein; nach den unten deutlich werdenden Größenangaben geht man allerdings nicht fehl, wenn man sich eine dem bekannten *Heracleum mantegazzianum* ähnelnde Art vorstellt (Abb. 65).

GOETHE schrieb im Juni 1831 an den Botaniker MEYER in Königsberg: „Diese Pflanze, die eigentlich schon vor'm Jahr hätte blühen sollen, war zurückgeblieben und hatte sich vergangenen Winter wahrscheinlich so fundiert, um nun als Wunder zu erscheinen. Die vorjährigen waren auch schon ansehnlich und mächtig genug, doch überbietet die gegenwärtige alle jene". Sie „ist dies Jahr in meinem Garten zu einer Kraft, Pracht und Herrlichkeit gediehen, die jedermann erstaunen macht". In ihr fand GOETHE fast 40 Jahre nach dem Schwarzkümmel (*Nigella*) einen neuen „Flügelmann" seiner Metamorphosenlehre. Die Blattfolge von den vereinfachten Grundblättern (in seiner Terminologie „Wurzelblätter") über die stark gegliederten, großen Laubblätter bis hin zu den scheidigen, wiederum mit einer reduzierten Blattspreite ausgestatteten Hochblättern verdeutlichte ihm aufs Neue die Veränderlichkeit des Organes Blatt und damit dessen Metamorphosen aufs Eindrücklichste.

Tag für Tag war er im Garten seines Hauses am Frauenplan, um „das gigantische Wachstum des *Heracleum*" zu besehen. Im Spätsommer 1831 wurde sogar ein Beobachtungsstand aufgebaut, um den drei Meter hohen Riesen besser untersuchen zu können. Neben Freunden aus nah und fern, denen die „Kraft, Pracht und Herrlichkeit" gezeigt wird, fertigte der Weimarer Maler FRIEDRICH PRELLER ein Bild des neuen „Flügelmannes" an, das derzeit in den umfang-

Abb. 65: Der Riesen-Bärenklau (*Heracleum mantegazzianum* SOMM. & LEVIER) war eine „Altersfreundschaft" GOETHES. In seinen letzten Lebensjahren rekapitulierte er an ihm noch einmal die Gesetze seiner Metamorphoselehre (Photo: S. SCHNECKENBURGER).

reichen Sammlungen leider nicht auffindbar und möglicherweise verloren ist.

Der greise GOETHE sammelte auch Früchte zur Aussaat im folgenden Jahr. Dies blieb aber vergeblich; er starb zum Frühlingsbeginn am 21. März 1832.

II.8 *Chlorophytum comosum* – GOETHES „botanisches Wunder"

Eine unserer am weitesten verbreiteten Zimmerpflanzen ist die Grünlilienart *Chlorophytum comosum* (THUNB.) JACQUES, die unter zahlreichen Namen wie „Fliegender Holländer" oder „Staffel-Lilie" bekannt ist. Meist wird sie in einer der zahlreichen gestreiftblättrigen Formen wie „Vittatum", „Milky Way" oder „Variegatum" kultiviert.

GOETHE pflegte sie ab 1827 und beschäftigte sich intensiv mit ihr. Im diesem Jahr hatten in Leipzig eine Reihe von Pflanzenauktionen stattgefunden, bei denen unter anderem Pflanzen dieser damals in Europa weitgehend unbekannten Art erworben wurden, die in die Botanischen Sammlungen des Belvedere bei Weimar gebracht wurden. Großherzog CARL AUGUST machte GOETHE auf die sonderbare Pflanze aufmerksam und übergab diesem auf seine Bitte hin ein Teilstück, das gepflegt und intensiv beobachtet wurde. Im Januar 1828 schrieb GOETHE den Botaniker Graf KASPAR STERNBERG in Prag an und bat um die Bestimmung der Pflanze. Auch an NEES VON ESENBECK, damals Professor in Bonn und Präsident der angesehenen „Leopoldina", wandte er sich um Hilfe. Beide erhielten Pflanzen und zeigten großes Interesse, konnten sie aber keiner bekannten Art zuordnen. Im September 1828 beschrieb sie STERNBERG als *Anthericum comosum* und illustrierte diese Publikation mit der ersten Abbildung dieser Art, die sich auch in den Weimarer Sammlungen befindet (Abb. 66). Noch unter etwa sechs verschiedenen Namen wie u.a. *Anthericum sternbergianum* SCHULT. & SCHULT. f. oder auch *Hartwegia comosa* NEES wurde sie beschrieben. 1873 stellte sich heraus, daß die im südlichen Afrika beheimatete Art bereits vor 1800 durch CARL PETER THUNBERG unter dem Namen *Anthericum comosum* der Wissenschaft bekannt gemacht worden war, ohne daß jedoch lebende Pflanzen nach Europa gelangt waren.

Abb. 66: *Chlorophytum comosum* (THUNB.) JACQUES aus GOETHES Sammlungen; Kolorierte Lithographie von J. GLATZ nach F.X. FIEBER, 1828 (Stiftung Weimarer Klassik, Goethe-Nationalmuseum, Goethes Kunstsammlung, Inv.Nr.: 1762; Aufnahme: S. GESKE).

Es soll nicht der Eindruck erweckt werden, daß sich GOETHE für die Neuheit an sich interessierte. Weit davon entfernt, faszinierte ihn für lange Zeit die Biologie der Pflanze, näherhin ihr Sprossungsvermögen. Während es beim Brutblatt (vgl. II.12) Knospen an den Blatträndern sind, tragen

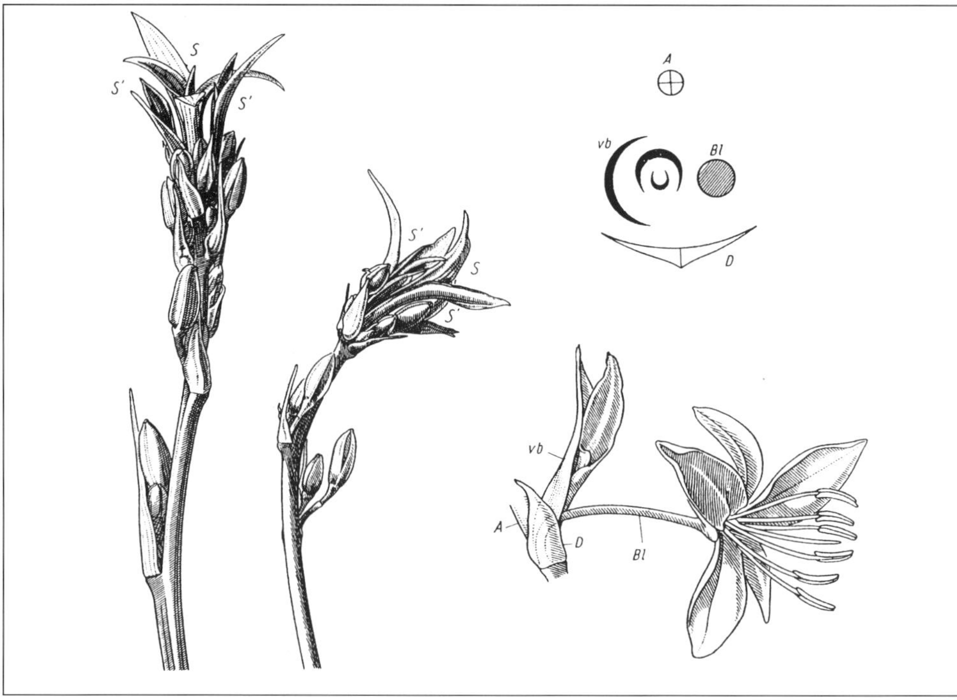
S
S'
S'
S'
S
S'
A
vb
Bl
D
vb
A
D
Bl

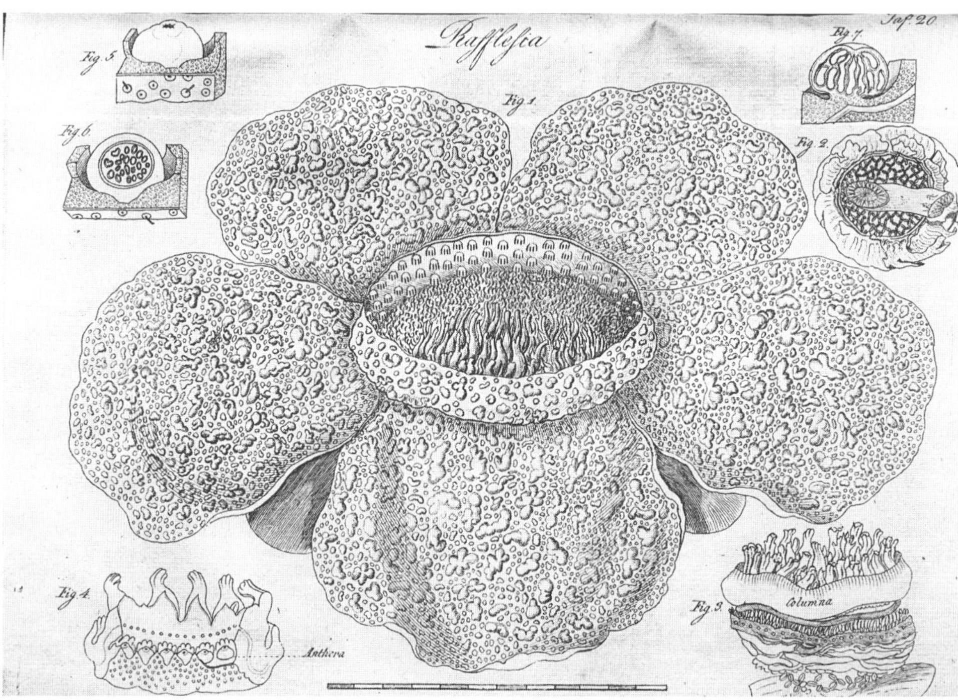
Rafflesia
Taf. 20.
Fig. 5
Fig. 7
Fig. 1
Fig. 6
Fig. 2
Fig. 4
Anthera
Fig. 3
Columna

bei der Grünlilie die Blütentriebe dichte Büschel von Tochterrosetten (Abb. 67). Diese „unglaubliche Prolificität“, wie GOETHE sie nannte (lat. proles – Nachkommen, facere – machen), wurde von ihm über Monate hinweg genau beobachtet und protokolliert. Er war tief von dieser Pflanze, die er ein „botanisches Wunder“ nannte, beeindruckt. In einem detaillierten Brief, einem der längsten seiner umfangreichen wissenschaftlichen Korrespondenz, teilte er NEES VON ESENBECK am 2.4.1828 seine Beobachtungen zur Anlegung und Ausbildung der Tochtertriebe mit. 1829 widerfuhr ihm eine große Ehrung, als NEES als Präsident der „Leopoldina“ diesen Brief GOETHES wörtlich als Einleitung zu seiner Neubeschreibung der Art in den renommierten „Nova Acta“ veröffentlichte. Ein kurzer Aufsatz GOETHES vom Januar 1829 wurde allerdings zu seinen Lebzeiten nicht mehr gedruckt.

II.9 *Rafflesia arnoldi* – „die große Blume“

Wie weit GOETHES botanische Interessen reichten und wie gut er über die aktuellen Entdeckungen dank seiner Kontakte informiert war, zeigt sich am Beispiel von *Rafflesia arnoldi* R.BR., einer parasitischen Blütenpflanze aus dem tropischen SO-Asien, die 1818 entdeckt worden war. Der schottische Botaniker ROBERT BROWN (1773 – 1858) beschrieb die Gattung 1821 und benannte sie nach Sir THOMAS RAFFLES, dem Gouverneur von Surinam. Von dem befreundeten Botaniker NEES VON ESENBECK erhielt GOETHE im Spätsommer 1823 eine Abbildung der Blüte, des einzig sichtbaren Teils dieser bemerkenswerten Pflanze, die aus dem Aufsatz von BROWN stammte. Obgleich es sich hierbei um Parasiten handelt, sind die Blüten die größten des Pflanzenreichs; ihr Durchmesser beträgt nahezu einen Meter (Abb. 69).

Der Eindruck, den diese Blüte auf ihn machte, war groß; bei seinem ersten Besuch bei Großherzog CARL AUGUST wurde nach seiner Rückkehr aus der Badekur „vieles

Abb. 67 (links oben): Der Morphologe WILHELM TROLL klärte 1962 die Blütenstandsverhältnisse der Grünlilie und ihrer Verwandtschaft. Publiziert wurden die Ergebnisse in den „Neuen Heften zur Morphologie“, mit der TROLL den Titel der botanischen Schriftenreihe GOETHES wieder aufnahm.
Links: Spitzenregionen zweier Blütenstände mit spitzenständigen (S) und seitlichen (S’) vegetativen Rosetten sowie einer Reihe von Blüten. Rechts: Teil des Blütenstandes mit Tragblatt (D) an der Blütenstandsachse (A). In dessen Achsel befindet sich die Blüte (Bl) mit ihrem Vorblatt (Vb), das in seiner Achsel eine vegetative Rosette entwickelt (aus TROLL 1962).

Abb. 68 (links unten): Aus Originalabbildungen der „Transactions“ kombinierte Tafel von *Rafflesia arnoldi* in der Zeitschrift „Isis“ von 1823 (Landes- und Hochschulbibliothek Darmstadt; Aufnahme: S. SCHNECKENBURGER).

Abb. 69: Geöffnete Blüte von *Rafflesia arnoldi*; Batang Pulupuh, Westsumatra (Aufnahme: U. MASCHWITZ).

Mitgebrachte besehen, auch eine große von Nees von Esenbeck in Zeichnung gesendete Blume".

In der naturwissenschaftlichen Zeitschrift „Isis" erschien noch im gleichen Jahr eine Übersetzung des Aufsatzes von Brown mit einer Tafel, die aus verschiedenen umgezeichneten und neukombinierten Abbildungen der Originalarbeit zusammengesetzt war (Abb. 69).

Neben der Blüte erregte aber noch etwas anderes die Aufmerksamkeit Goethes: Brown merkte in seinem Aufsatz an, daß er alle Blütenteile für modifizierte Blätter halte. Diese Bestätigung seiner Metamorphoselehre zitiert er noch 1830 in seiner Zusammenstellung „Wirkung dieser Schrift und weitere Entfaltung der darin vorgetragenen Idee".

II.10 Goethe und *Ginkgo*

Die bekannteste „Goethe-Pflanze" ist ohne Zweifel der *Ginkgo*-Baum (*Ginkgo biloba* L.). Für Goethe selbst hatte er sicherlich nicht annähernd die Bedeutung, wie man vielleicht aus dem Bekanntsheitsgrad dieser Verbindung annehmen könnte. Obwohl die Art mindestens seit 1795 im seinerzeit oft von Goethe besuchten Botanischen Garten zu Jena kultiviert wird, erregte sie, soweit wir heute wissen, nicht seine besondere Aufmerksamkeit.

Ginkgo biloba L. ist in China beheimatet. Wildvorkommen dieser Art wurden erst vor etwa 50 Jahren entdeckt; sie liegen in den südostchinesischen Provinzen Guangdong und Guangxi.

Schon im 11. Jahrhundert kam der Baum nach Nordchina und Japan; für Europa wurde die Art durch den im Auftrag der niederländischen Vereinigten Ostindischen Kompanie Japan bereisenden Arzt und Naturforscher Engelbert Kaempfer (1651–1716) entdeckt. Dies geschah wahrscheinlich 1691 in Nagasaki. In seinem Werk „Amoenitates exoticae" („Exotische Lieblichkeiten") beschrieb Kaempfer unter anderem ausführlich den *Ginkgo*-Baum und publizierte eine entsprechende Abbildung. Der wissenschaftliche Name wird von der in Japan damals gebrauchten Bezeichnung „Silberaprikose" (wegen der aprikosenähnlichen Samen) abgleitet (gin – Silber, kyo – Aprikose). Der Ersatz des „y" durch „g" in *Ginkgo* geht wahrscheinlich auf einen Satzfehler beim Erstdruck der Beschreibung zurück und kann nach den Regeln der botanischen Nomenklatur nicht mehr geändert werden.

In Europa ist er erstmals im Jahr 1730 als Sämling im Universitätsgarten von Utrecht nachweisbar, wo er in Unkenntnis seiner für mitteleuropäische Verhältnisse ausreichenden Winterhärte anfangs als Kübelpflanze kultiviert wurde. Im Botanischen Garten Jena war er ab 1795 vorhanden; dank der erfolgreichen vegetativen Vermehrung durch die Weimarer Gärtner konnte man hier bereits um 1800 *Ginkgo*-Pflanzen kaufen.

Der größte von Goethe selbst gesehene (4.10.1815) und heute noch existierende Baum steht übrigens im Botanischen Garten Karlsruhe.

Der *Ginkgo*-Baum ist der einzige derzeit lebende Vertreter der Pflanzenfamilie der Ginkgoaceae. Diese gehören in die nähere Verwandtschaft der Nadelhölzer und damit zu den Nacktsamern (Gymnospermen). Aber aus der erdgeschichtlichen Vergangenheit kennt man eine Reihe von heute ausgestorbenen Vertretern, deren erste vor etwa 300 Millionen Jahren nachgewiesen wurden. Insgesamt wurden bis heute etwa 300 Arten in mindestens sechs Gattungen beschrieben, wobei die Fundorte über die ganze Welt verstreut liegen. Charakteristisch für sie sind die ein- bis mehrfach gabeligen Blätter mit ihren springbrunnenartig verlaufenden Blattnerven. Dieses Phänomen zeigt auch der *Ginkgo*-Baum, wobei sich allerdings Lang- und Kurztriebsblätter deutlich unterscheiden: während erstere stärker gegliedert sind, zeigen die büschelig an den Kurztrieben stehenden Blätter die bekannte zweilappige (bi – zweifach, lobus – Lappen) Form.

Der *Ginkgo*-Baum ist zweihäusig. Die Staubblätter sind kätzchenartig angeordnet, die weiblichen Blüten bestehen aus zwei an der Spitze eines schlanken Stielchens befindlichen, nahe beieinander liegenden Samenanlagen. Die Samen besitzen eine zweischichtige Schale (außen fleischig, bei der Zersetzung stark nach Katzendreck stinkend; innen hart) und einen Reservestoffkörper (Endosperm), der den Embryo birgt. Dieses Endosperm wird in Ostasien gerne geröstet verzehrt.

Aufgrund der Inhaltsstoffe werden Zubereitungen aus *Ginkgo*-Blättern arzneilich verwendet und mit Erfolg bei der Behandlung von Durchblutungsstörungen eingesetzt. Hierbei sind sowohl zerebrale (das Gehirn betreffende) als auch periphere (insbesondere der Beine) zu nennen.

Besondere Bedeutung bekam der *Ginkgo*-Baum für den älteren GOETHE in den 1815er Jahren. Bereits 1814 hatte er während einer Reise nach Frankfurt den ihm schon länger bekannten, theaterbegeisterten Frankfurter Bankier JOHANN JAKOB VON WILLEMER (1760–1838) besucht. Dabei lernte er dessen Lebensgefährtin und spätere Ehefrau MARIANNE (1784–1860) kennen. Eine tiefe Leidenschaft entwickelte sich allerdings erst während seines zweiten Aufenthalts im Herbst 1815. Diese verstörte beide. Der damals 66jährige GOETHE schrieb: „Nur dies Herz es ist von Dauer/ Schwillt in jugendlichstem Flor;/ Unter Schnee und Nebelschauer/ Rast ein Ätna dir hervor“. Als ein weltliterarisches Ergebnis des Besuchs im Herbst 1815 bewundern wir noch heute Teile der Gedichtsammlung des „West – östlichen Divan“, zu dem MARIANNE VON WILLEMER auch einige Gedichte beigesteuert hat. Ihre Autorschaft enthüllte sie allerdings erst kurz vor ihrem Tod. Der Briefwechsel GOETHES mit MARIANNE und JOHANN JAKOB VON WILLEMER liegt im übrigen als eigenständige Veröffentlichung von (vgl. GOETHE 1995).

Vom 8. bis 15. September hielt sich GOETHE als Gast des Ehepaares VON WILLEMER in deren Stadthaus „Zum roten Männchen“ auf; die Abende verbrachte man auf der Gerbermühle, dem Sommerhaus bei Frankfurt (Abb. 78). So auch am 15. September, über dessen Verlauf wir durch das Tagebuch des Freundes und Kenners mittelalterlicher und altniederländischer Kunst SULPIZ BOISSERÉE (1783–1854) genauer un-

Abb. 70: Zweig des *Ginkgo biloba* (Aufnahme: S. SCHNECKENBURGER).

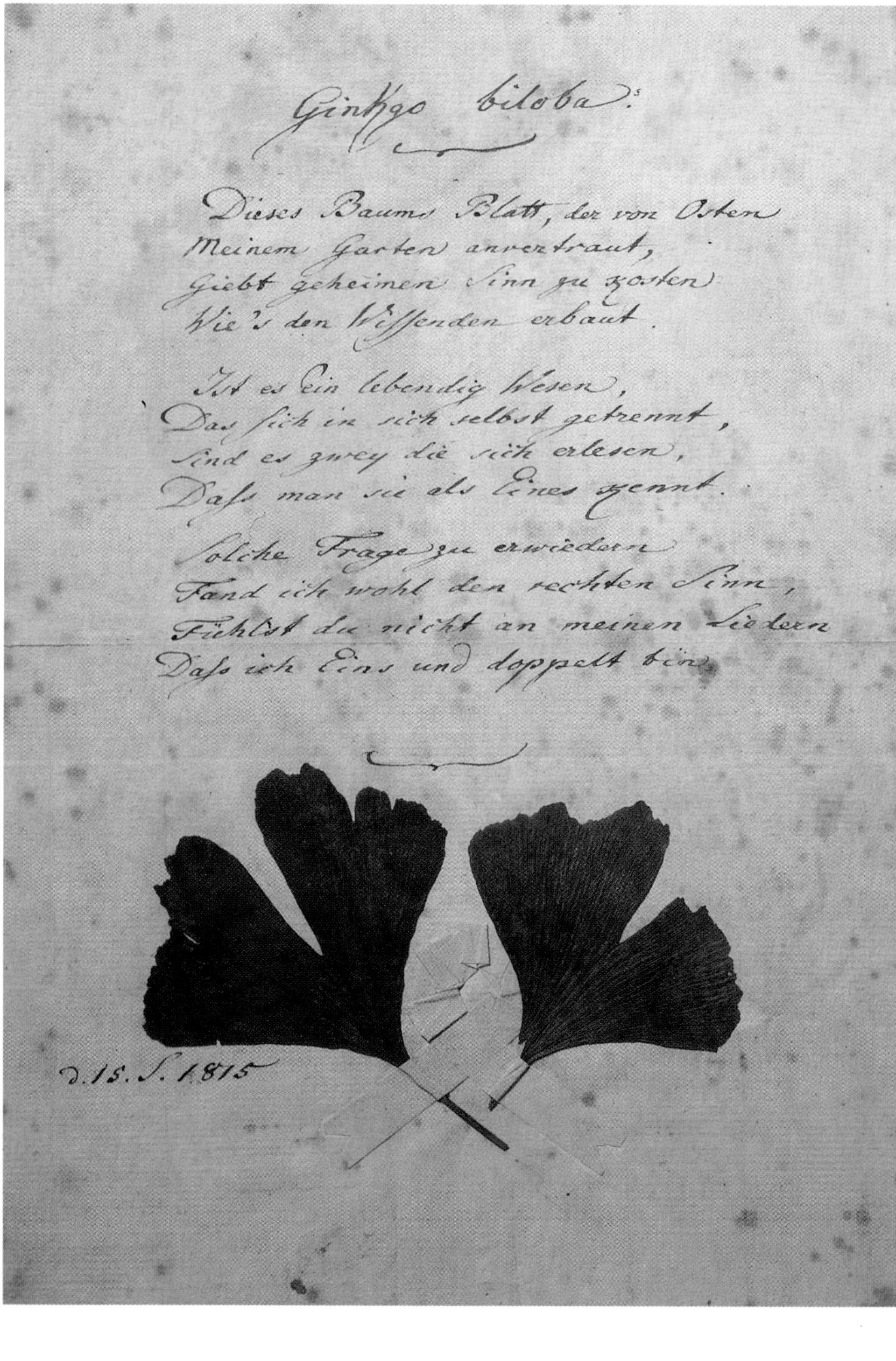

Ginkgo biloba:

Dieses Baums Blatt, der von Osten
Meinem Garten anvertraut,
Giebt geheimen Sinn zu kosten
Wie's den Wissenden erbaut.

Ist es Ein lebendig Wesen,
Das sich in sich selbst getrennt,
Sind es zwey die sich erlesen,
Dass man sie als Eines kennt.

Solche Frage zu erwiedern
Fand ich wohl den rechten Sinn,
Fühlst du nicht an meinen Liedern
Dass ich Eins und doppelt bin.

d. 15. S. 1815

terrichtet sind. Als Zeichen der Freundschaft brachte GOETHE ein *Ginkgo*-Blatt mit. Wahrscheinlich stammte es von einem damals etwa 23 Jahre alten Baum aus dem am linken Mainufer gelegenen Garten des Apothekers SALTZWEDEL (SCHMID & SCHMOLL 1994; vgl. auch die Darstellung bei UNSELD 1998, die im Hinblick auf die Botanik wenig befriedigt, die Entstehung des Gedichtes und der hiermit verbundenen Teile des „West-östlichen Divan" aber fesselnd nachzeichnet).

BOISSERÉE notierte: „G. hatte der Wilmer ein Blatt des Ginkho biloba als Sinnbild der Freundschaft geschickt aus der Stadt. Man weiß nicht ob es eins, das sich in 2 teilt, oder zwei die sich in eins verbinden. So war der Inhalt des Verses."

Am 18. reiste der Gast aus Weimar weiter nach Heidelberg, wohin ihm MARIANNE folgte (23. bis 26.9). Im Garten des Heidelberger Schlosses wurde wieder ein *Ginkgo*-Baum aufgesucht, der heute leider nicht mehr existiert. Nach SCHMID & SCHMOLL (1994) muß er in den dreißiger Jahren unseres Jahrhunderts gefällt worden sein.

Am 27. 9. 1815 schickte ihr GOETHE aus Heidelberg über ROSINE STÄDEL, ihre Stieftochter, das in den „Divan" aufgenommene und hier in das der Liebe gewidmeten Buch „Suleika" eingereihte Gedicht (Abb. 71):

Ginkgo biloba

Dieses Baums Blatt, der von Osten
Meinem Garten anvertraut,
Gibt geheimen Sinn zu kosten
Wie's den Wissenden erbaut.

Abb. 71: Reinschrift des Gedichts „Ginkgo biloba" mit dem Erinnerungsdatum des 15. Septembers 1815, die wahrscheinlich aus dem Jahr 1820 stammt und für Großherzog CARL AUGUST bestimmt war (Goethe-Museum Anton-und-Katharina-Kippenberg-Stiftung, Düsseldorf; Aufnahme: W. KLEIN).

Ist es ein lebendig Wesen,
Das sich in sich selbst getrennt,
Sind es zwei die sich erlesen,
Daß man sie als eines kennt.

Solche Frage zu erwiedern,
Fand ich wohl den rechten Sinn,
Fühlst du nicht an meinen Liedern,
daß ich eins und doppelt bin.

Eine im Jahr 1921 im Schloßpark zu Heidelberg aufgestellte Bank mit Versen aus dem „Divan" und Symbolen dieser Beziehung (besonders dem Wiedehopf, dem orientalischen Liebesboten Hudhud und stilisierten *Ginkgo*-Zweigen) erinnert an die Ereignisse im Herbst 1815 (Abb. 74).

II.11 GOETHE und *Ginkgo* – ein Nachklang

Die Spur des *Ginkgo* zog sich noch weiter durch das Leben der beiden, die bis zum Tod GOETHES in brieflichem Kontakt blieben, wobei es allerdings ein Wiedersehen nach 1815 nicht mehr gegeben hat. So schrieb 1824 MARIANNE VON WILLEMER in einem Geburtstagsbrief an GOETHE unter der Überschrift

Das Heidelberger Schloß, den 28. Juli abends 7 Uhr

Euch grüß ich weite, lichtumfloßne
Räume,
Dich alten reichbekränzten Fürstenbau,
Euch grüß ich hohe, dichtumlaubte Bäume,
Und über euch des Himmels tiefes Blau.

Wohin den Blick das Auge forschend
wendet
In diesem blütenreichen Friedensraum,
Wird mir ein leiser Liebesgruß gesendet
aus meines Lebens freudevollstem Traum.

An der Terrasse hohem Berggeländer
War eine Zeit sein Kommen und sein Gehn,
Die Zeichen, treuer Neigung Unterpfänder,
Sie sucht ich, und ich kann sie nicht erspähn.

Dort jenes Baumsblatt, das aus fernem Osten
Dem westöstlichen Garten anvertraut,
Gibt mir geheimnisvollen Sinn zu kosten
Woran sich fromm die Liebende erbaut.

Durch jene Halle trat der hohe Norden
Bedrohlich unserm friedlichen Geschick;
Die rauhe Nähe kriegerischer Horden
Betrog uns um den flüchtgen Augenblick.

Dem kühlen Brunnen, wo die klare Quelle
Um grünbekränzte Marmorstufen rauscht,
Entquillt nicht leiser, rascher, Well auf Welle,
Als Blick um Blick, und Wort um Wort sich tauscht.

O! schließt euch nun ihr müden Augenlider.
Im Dämmerlichte jener schönen Zeit
Umtönen mich des Freundes hohe Lieder,
Zur Gegenwart wird die Vergangenheit.

Aus Sonnenstrahlen webt ihr Abenddüfte
Ein goldnes Netz um diesen Zauberort,
Berauscht mich, nehmt mich hin ihr Blütendüfte,
Gebannt durch eure Macht kann ich nicht fort.

Schließt euch um mich ihr unsichtbaren Schranken
Im Zauberkreis der magisch mich umgibt,
Versenkt euch willig Sinne und Gedanken,
Hier war ich glücklich, liebend und geliebt.

II.12 *Kalanchoe pinnata* (LAM.) PERS. – die „pantheistische Pflanze“

Das Brutblatt *Kalanchoe pinnata* (LAM.) PERS. (GOETHE noch als *Bryophyllum calycinum* SALISB. bekannt) gehört zur Familie der Dickblattgewächse (Crassulaceae). Seine ursprüngliche Heimat ist nicht genau bekannt; heute ist es in vielen tropischen und subtropischen Ländern anzutreffen. Es breitet sich stark durch herabfallende Blatteile aus, denn in den Kerben der Blattfiedern befinden sich Brutknospen, die sich bewurzeln und wieder zu vollständigen Pflanzen heranwachsen können.

GOETHE wurde von dem mit ihm befreundeten Botaniker NEES VON ESENBECK auf das Brutblatt aufmerksam gemacht. Kennengelernt hat er die Pflanze wahrscheinlich 1817 in den Großherzoglichen Botanischen Sammlungen des Belvedere bei Weimar. Er pflegte sie bis zum Ende seines Lebens sorgsam als einen besonderen Liebling. Eine ausführliche Darstellung dieser Liebe findet man bei STEIGER 1982.

Zum Jahreswechsel 1818/19 verschenkte GOETHE an Großherzog CARL AUGUST Pflanzen mit einem persönlichen Wunsch: „Ew. Königl. Hoheit wüßte ich nicht kürzer und anschaulicher die Wünsche darzulegen als in beikommender botanischer Merkwürdigkeit. Möge alles, was Höchstdieselben vornehmen und stiften, wie bisher nach allen Seiten Wurzel schlagen und jedes Blatt vielfach neue Pflanzen hervorbringen“.

Abb. 72 (links oben): MARIANNE VON WILLEMER. JOHANN J. DE LOSE zugeschriebenes Pastellportrait, um 1809 (Freies Deutsches Hochstift – Frankfurter Goethe Museum; Aufnahme: U. EDELMANN).

Abb. 73 (links unten): JOHANN WOLFGANG VON GOETHE. Portrait von FRANZ VON KÜGELGEN, 1811 (Freies Deutsches Hochstift – Frankfurter Goethe Museum; Aufnahme: U. EDELMANN).

Abb. 74: Rückenlehne der Bank im Heidelberger Schloßpark, geschmückt mit einem *Ginkgo*-Zweig und dem Wiedehopf, dem Liebesboten Hudhud der Divanzeit (Aufnahme: S. SCHNECKENBURGER).

Bis 1830 kultivierte GOETHE acht Generationen dieser Pflanze. Auf dem berühmten Bild von 1831, das GOETHE in seinem Arbeitszimmer zeigt, erkennt man, im Fenster stehend, ein Exemplar des von ihm geliebten und von der Nachwelt liebevoll „Goethe-Pflänzchen“ genannten Brutblattes (Abb. 76). Oft werden allerdings andere *Kalanchoe*-Arten (z. B. *K. daigremontiana* oder *K. tubiflora*) unter diesem Namen angeboten.

Er schrieb am 23.7.1820 an NEES: „Ferner darf ich nicht vergessen, daß ich meine zur Monographie leitenden Versuche mit dem *Bryophyllum calycinum* immer fortsetze. ... Sonderbar genug ist es, wie diese Pflanze sich unter veränderten Umständen augenblicklich modifiziert und ihre Allpflanzenschaft durch Dulden und Nachgiebigkeit, so wie durch gelegentliches übermütiges Vordringen auf das Wundersamste zu Tag legt. Warum ich leidenschaftlich diesem Geschöpf zugetan bin, versteht niemand besser als Sie“. Die Bitte von NEES, darüber in den „Nova Acta“ zu publizieren, kam über zwei ausführliche Exposés nicht hinaus. Noch im Jahr 1831 studierte er die „wundersame Pflanze“. In der 1827 erschienenen „Organographie végétale“ des bedeutenden Schweizer Botanikers AUGUSTIN PYRAMUS DE CANDOLLE (1778 – 1841), der GOETHES naturwissenschaftliche Bemühungen hoch einschätzte und besonders würdigte, daß er speziell auf die Einheit und Symmetrie des Baues der Pflanzen aufmerksam gemacht habe, fand er erstmals eine Abbildung eines „sprossenden Blattes“.

GOETHE staunte immer wieder über die Fähigkeit, an den Kerben der älteren Blätter sich später ablösende und selbständig entwickelnde Pflänzchen hervorzubringen. Das „unermüdliche Sprossen und Sichverjüngen, dieses immerfort wachsende Lebende „ wurde für ihn zum „Bild und Gleichnis des Wesens, von dem wir uns gar kein Bild machen sollen“. In dieser „pantheistischen Pflanze“ glaubte er, das „Alles in Einem und aus Einem“ mit eigenen Augen zu schauen.

II.13 Das Brutblatt und MARIANNE VON WILLEMER

An zahlreiche Freunde gab GOETHE das „pantheistische“ Pflänzchen weiter und empfahl es sorgfältiger Pflege und Beobachtung. So gelangte das Brutblatt auch in die Gerbermühle bei Frankfurt am Main zu seiner Freundin MARIANNE VON WILLEMER. Wie so vieles in dieser Beziehung wird auch die Geschichte dieser Pflanze von Gedichten umrankt:

JOHANN WOLFGANG GOETHE an MARIANNE VON WILLEMER am 12. November 1826:

Was erst still gekeimt in Sachsen,
Soll am Maine freudig wachsen!
Frisch auf guten Grund gelegt:
Merke, wie es Wurzel schlägt!
Dann der Pflänzlein frische Menge
Steigt in lustigem Gedränge,
mäßig warm und mäßig feucht -
Ist, was ihnen heilsam deucht.
Wenn du's gut mit ihnen meinst,
Blühen sie dir wohl dereinst.

MARIANNE VON WILLEMER an JOHANN WOLFGANG GOETHE

am 26. November 1826:
Jene Blätter, die in Sachsen
Still gekeimt durch deine Hand,
Auf der Mühle hoch gewachsen,
Drängen sich um Luft und Sand.

Abb. 75 (links): *Kalanchoe pinnata.* Diese Tafel aus dem 33. Jahrgang des berühmten „Curtis's Botanical Magazine“ aus dem Jahr 1811 kannte GOETHE. Von dem zugehörigen Text hatte er sich eine Abschrift anfertigen lassen (Bibliothek des Palmengartens; Aufnahme: H. STEINECKE).

Abb. 76 (rechts): GOETHE in seinem Arbeitszimmer dem Schreiber JOHN diktierend. Am Fenster ist ein Blumentopf mit *Kalanchoe pinnata* (rechte Pflanze) erkennbar. Öl auf Leinwand von JOHANN JOSEF SCHMELLER 1831. (Stiftung Weimarer Klassik, Goethe-Nationalmuseum; Aufnahme: S. GESKE).

Johann Wolfgang Goethe an Marianne von Willemer am 19. April 1830:

Wie aus einem Blatt unzählig
Frische Lebenskeime sprießen,
Mögst in einer Liebe selig
Tausendfaches Glück genießen.

Mögen diese fruchtbaren Blätter viele Wurzeln schlagen und, in reichlichen Keimen entfaltet, von der Freundin selbst, auch vielleicht Freunden mitgeteilt, die Erinnerung an den Sendenden beleben und erhalten.

II.14 Goethe als Gartenfreund

Es ist festzustellen, daß das eigentliche wissenschaftliche Bestreben Goethes stets mit einem praktischen Naturbezug verbunden war. So gingen Naturerleben und Bewältigung gärtnerischer Aufgaben einerseits und die Beschäftigung mit der botanischen Wissenschaft andererseits stets Hand in Hand. Beobachtungen beim Gärtnern, in Gärten und in der Natur führten zu neuen wissenschaftlichen Erkenntnissen. Andererseits mußten zur Lösung morphologischer Fragestellungen Pflanzen herangezogen und kultiviert werden, die dann ihrerseits den Garten bereicherten. So wurden auch Teile des Hausgartens zeitweise nach pflanzensystematischen Gesichtspunkten gestaltet.

Für Goethe war nicht nur der Austausch mit Wissenschaftlern bedeutsam, vielmehr erweiterten zahlreiche Kontakte zu Erwerbsgärtnern, Gartenfreunden und Pflanzenliebhabern nicht nur seine Kenntnisse, sondern auch den Pflanzenbestand seiner Gärten und regten ihn immer wieder zu Studien und Untersuchungen an.

II.15 Der Garten am Stern

Einen ersten wirklichen Zugang zur Gärtnerei und zur Botanik erlangte Goethe im Jahre 1775, als er mit seinem Eintritt in den Staatsdienst in Weimar „Stuben- und Stadtluft mit Land-, Wald- und Gartenatmosphäre“ vertauschte. Ab dem 11.6.1776 war er Geheimer Legationsrat mit Sitz im Geheimen Konsilium, also Mitglied der Regierung des Fürstentums. Am 26.4.1776 erhielt er das Bürgerrecht der Stadt Weimar durch Ankauf eines verwilderten Gartengrundstücks an der Ilm, dessen Kaufpreis aus der Schatulle des Großherzogs Carl August, seinem lebenslangen Freund und Gönner bezahlt wurde. Als erstes Zeugnis findet sich im Tagebuch unter dem 14.3.1776 der Eintrag: „Weiden von Frankfurt angekommen“. Am Wochenende 18./19.5. verbrachte er die erste Nacht in dem zwischenzeitlich instandgesetzten Gartenhaus und schrieb in der Frühe des Sonntags begeistert an Charlotte von Stein: „Zum erstenmal im Garten geschlafen, und nun Erdtulin auf ewig“. Die Bedeutung des Wortes „Erdtulin“ ist etwas unsicher: wahrscheinlich meinte Goethe ein Märchenwesen aus dem Elsaß, welches unter Bäumen haust.

In seinem Garten in Weimar gewann er erste Erfahrungen mit der Natur u.a. durch die Gestaltung und Bepflanzung dieses verwahrlost übernommenen Grundstücks am Stern, welcher Aufgabe er sich mit wahrer Leidenschaft widmete. So schrieb seine Mutter in einem Brief vom 16.4.1777, daß Goethe in seinem Garten baue, pflanze und grabe, daß es Art und Schick habe.

Besonders im ersten Gartenjahr empfing Goethe häufig Besuch. Man war neugierig

Abb. 77 (links oben): Schale mit „keimenden“ Pflänzchen des Brutblatts in verschiedenen Altersstadien (Aufnahme: S. Schneckenburger).

Abb. 78 (links unten): Ansicht der Gerbermühle bei Frankfurt von Anton Radl; lavierte Tuschzeichnung nach einer Sepiazeichnung, 1815 (Freies Deutsches Hochstift – Frankfurter Goethe Museum; Aufnahme: U. Edelmann).

auf den Garten und die Lebensweise des neuen Regierungsmitglieds, so daß das Tagebuch von zahlreichen Gästen berichten kann.

In vielen Lebensphasen spielte der Garten und das Gartenhaus an der Ilm eine wichtige Rolle – einige Zeit war er ständiger Wohnsitz, hier begann sein Lebensbund mit CHRISTIANE VULPIUS, später hielt sich hier öfter die Familie auf. Immer wieder fand GOETHE in seinem „unteren Garten" Ruhe und Sammlung, so daß er oftmals und auch noch im hohen Alter in sein Gartenhaus zurückkehrte. So beispielsweise im Frühjahr 1827, als er sich wegen Streitigkeiten in der zerrütteten Ehe von Sohn und Schwiegertochter „in den unteren Garten verfügte und daselbst blieb" (für fast einen Monat).

Im gleichen Jahr widmete er diesem Gartenhaus sogar ein kleines Gedicht:

„Übermütig sieht's nicht aus,
Hohes Dach und niedres Haus;
Allen, die daselbst verkehrt
Ward ein guter Mut beschert.
Schlanker Bäume grüner Flor,
Selbstgepflanzter, wuchs empor.
Geistig ging zugleich alldort
Schaffen, Hegen, Wachsen fort".

1. Mai 1827
(Stammbuchblatt für ULRIKE VON POGWISCH, der Schwester von GOETHES Schwiegertochter; Abb. 80)

Sein letzter Aufenthalt im Garten ist für den 20.2.1832 belegt, also einen Monat vor seinem Tod. Vom 26.2. ist noch ein Arbeitsplan des Hausgärtners FERDINAND HERZOG überliefert, der die für das bevorstehende Frühjahr zu erledigenden Arbeiten auflistet (Abb. 81). Heute sind Garten und Gartenhaus am Stern als GOETHE-Gedenkstätten Ziel zahlreicher Reisender, die das sorgfältig gepflegte und im Sinne des ursprünglichen Zustandes erhaltene Ensemble aufsuchen.

Abb. 79 (links): Goethe als Frankfurter Gartenfreund – einmal anders. Zeichnung für die Bundesgartenschau 1989 in Frankfurt am Main von HANS TRAXLER.

II.16 Der Hausgarten am Frauenplan

Im Jahr 1792 bezog GOETHE das bekannte geräumige und großzügige Haus am Frauenplan, das 1794 endgültig sein Eigentum wurde. Damit gehörte ihm auch der große Hausgarten, der als Bauerngarten angelegt war. 1798 waren die Umbauarbeiten im Haus abgeschlossen, die auch den Zugang zum Garten wesentlich erleichtert hatten.

In diesem Garten setzte der Hausherr seine botanischen Studien an lebenden Pflanzen fort. In Zusammenarbeit mit FRIEDRICH GOTTLIEB DIETRICH, damals „Botanikus und Lehrer der Kräuterkunde" in Weimar, wurden 1792 „schickliche Beete abgeteilt", um die Pflanzen nach dem natürlichen System JUSSIEUS zusammenzustellen. Diese Beete bestanden noch einige Jahre, dann wurden die Bedürfnisse GOETHES hinsichtlich systematischer Botanik während seiner zahlreichen Aufenthalte in Jena im dortigen erblühenden Botanischen Garten befriedigt. Die Versetzung DIETRICHS nach Eisenach und das Bedürfnis von CHRISTIANE VULPIUS, den Garten für den großen Haushalt zu nutzen, taten ein übriges.

Wir kennen heute noch recht genau den Pflanzenbestand im Garten am Frauenplan zur Zeit GOETHES. Heute ist der Garten liebevoll entsprechend diesen Kenntnissen bepflanzt und wird von den Besuchern des Goethehauses und des benachbarten Nationalmuseums in großer Zahl aufgesucht.

Über den Hausgarten kann nicht geschrieben werden, ohne die Rolle von CHRISTIANE VULPIUS (1765 – 1816), GOETHES Lebensge-

Memorandum für den Monath Märtz 1832
über vorhabende Arbeiten in den beiden Gärten Sr. Exelenz des Herrn geheimen Raths und Staatsministers von Goethe

1. Das Abrauzen der Bäume, wie auch das Ausputzen derselben in beyden Gärten und das Ausbessern der Gartenzäune.

2. Zubereitung der zu erst erforderlichen Gartenländer zur Bestellung der Früherbsen, Salat, Carotten u.d.m.

3. Abdecken der Abricosen-Wand am Hauss, Beschneiden und Anbinden derselben, so wie die reinliche Herstellung der Rabatte.

4. Das Ausgraben der ausgestorbenen Pfirschen-Bäume und Vorbereitung der Löcher zur Weinanpflanzung daselbst.

5. Das Verpflanzen der Malven wo solches erforderlich, und besonders das Vermehren der schönblühenden.

6. Das Düngen derjenigen Länder, wo solches früher wegen Mangel desselben nicht geschehen konnte.

7. Die reinliche Herstellung der Blumen-Parthie in beyden Gärten.

8. Die reinliche Herstellung sämtlicher Spargelländer in beyden Gärten.

9. Das Aufräumen des Laubes, und Mehreres, sowohl in den Wegen wie auf dem Lande.

10. Abrechnung des Graselandes, im untern Garten, sowohl vom Moose, wie von Maulwurfshügeln; Bestreuung des Graselandes mit Düngesalz, jedoch mit Genehmigung Sr. Exelenz.

11. Reinigung der Rosen-Wände vom dürren und überflüssigen, und Anbindung des Nöthigen.

12. Werden die verdeckten Weine geöffnet und an ihre Espaliere gebunden.

Neue Umänderungen werden blos auf Befehl seiner Exelenz vorgenommen.

Weimar, den 26ten Februar 1832 — Ferdinand Herzog Gartner

fährtin ab 1788, gewürdigt zu haben. Vielgeschmäht als eine dem Genie unwürdige Gefährtin, war sie doch Seele und Stütze des Hauswesens, aber auch eine geliebte Partnerin (vgl. KLESSMANN 1992). Zeitlebens hat sie sich um den Hausgarten gekümmert; der Garten war ihre Welt, in der sie ihr Wesen am besten entfalten konnte. In unzähligen Briefen berichtete sie über Erfolge und Mißerfolge. „Allen Leuten sind beinah die Kartoffel erfroren, doch meine stehen so schön" (nach Spätfrösten am 6.6.1810). Vielen Frauen damals und wohl noch heute aus der Seele gesprochen ist sicherlich die folgende Passage aus ihrem Brief vom 30.5.1798: „Mit Deiner Arbeit ist es schön: was Du einmal gedacht hast, bleibt ewig; aber mit uns Schindludern ist es ganz anders. Ich hatte den Hausgarten sehr in Ordnung gepflanzt und alles. In einer Nacht haben mir die Schnecken beinahe alles aufgefressen, meine schönen Gurken sind fast alle weg, und ich muß wieder von vorne anfangen. Doch was hilft es? Ich will es wieder machen; man hat ja nichts ohne Mühe. Es soll mir meinen guten Humor nicht verderben".

Auch GOETHE bemühte sich rührend, die Gartenwünsche seiner Frau zu erfüllen. Bei seinen Aufenthalten außerhalb Weimars besorgte er Gartenblumen und Gemüsepflanzen. Für das Gartenzimmer im Haus am Frauenplan ließ er eine elegante „Blumen-

Abb. 80: GOETHES Gartenhaus am Stern. Kolorierter Stich von ADAM SCHWERDTGEBURTH, 1822, mit Versen von 1827. Stammbuchblatt der ULRIKE VON POGWISCH (Stiftung Weimarer Klassik, Goethe-Nationalmuseum; Aufnahme: S. GESKE).

Abb. 81 (links): Gartenmemorandum des Gärtners FERDINAND HERZOG vom Februar 1832; erstellt nach dem letzten Gartenbesuch GOETHES am 20. Februar 1832 (zitiert nach BALZER 1966).

Commode" anfertigen. Dieser Schrank mit seinen vielen kleinen Schubladen diente zur Aufbewahrung der Sämereien.

Einer der letzten Briefe vor ihrem Tod am 6.6.1816 war an ihren in Jena weilenden Gatten gerichtet: „Die Äpfelbäume blühen in höchster Fülle, es steht Blüte an Blüte, die Rabatten vor Deinen Fenstern schmücken die schönsten gefüllten Tulipanen, deren schöne Farben die stolzen Kaiserkronen verdunkeln, und trotz der geringen Wärme reift doch alles der Vollkommenheit entgegen. Möge Dich die schöne Blüte in Jena für diese Entbehrung reichlichst entschädigen". (18.5.1816).

II.17 Gärten in der Dichtkunst GOETHES

In zahlreichen Dichtungen GOETHES spielen Pflanzen und Gärten eine wichtige Rolle. Symbolhaft und als Spiegel der Innenwelt der Handelnden finden wir Gärten auch in den größeren erzählenden Werken.

So steht ein Garten an wichtiger Stelle in dem Briefroman „Die Leiden des jungen Werthers“ (entstanden 1774). Nachdem Werther seine Heimat und seinen Freundeskreis fluchtartig verlassen hat, hofft er, in einem Garten wieder zu sich selbst zu finden. Dieser wird nicht im Detail beschrieben, trägt aber gewisse formale Züge, läßt aber vor allem auch Gestaltungselemente des damals modernen englischen Landschaftsgartens erkennen. Die „unaussprechliche Schönheit“ der „paradiesischen Gegend“ steht in scharfem Gegensatz zur Stadt, die Werther verlassen und als „unangenehm“ empfunden hatte. Die von dem Garten angeregte Schöpferkraft und die geweckten Empfindungen entsprechen dem empfindsamen Naturgefühl der europäischen Aufklärung, das auch in Deutschland seinen Siegeszug angetreten hatte.

In diesem Zusammenhang ist neben „Wilhelm Meisters Wanderjahren“ auch der Roman „Die Wahlverwandtschaften“ (entstanden zwischen 1807 und 1809) zu nennen. In dieser Schilderung komplexer Beziehungen zwischen zwei Paaren stehen gärtnerische Beschäftigung und Gärten symbolhaft für deren Zeitvergessenheit und Negation aller sozialen Bindungen. Indem die vier Hauptpersonen ihr Landgut in eine englische Parklandschaft umwandeln, drücken sie ihre wachsende leidenschaftliche Liebe aus und schaffen sich in diesem scheinbar natürlichen Urzustand einen Empfindungsraum, der alle trennenden Schranken in Vergessenheit geraten läßt. Hierin spiegelt sich auch die in den späteren Jahren zunehmend kritische Einstellung GOETHES gegenüber dem der „neumodischen Parksucht“ angekreideten „Vorliebnehmen mit dem Schein“. Hierzu findet sich in den Tagebüchern unter dem 18.9.1797 der Eintrag: „Der Natur nachzuhelfen, wenn man schöne Motive hat, ist in jeder Gegend lobenswürdig; aber wie bedenklich es sei, gewisse Imaginationen realisieren zu wollen, da die größten Phänomene der Natur selbst hinter der Idee zurückbleiben“.

Abb. 82 (links oben): CHRISTIANE VON GOETHE, geb. VULPIUS; Kreidezeichnung von FRIEDRICH BURY, 1800. (Stiftung Weimarer Klassik, Goethe-Nationalmuseum; Aufnahme: S. GESKE).

Abb. 83 (links unten): GOETHE mit seinen Enkeln im Hausgarten am Frauenplan; Kolorierter Kupferstich von EDUARD LOBE, um 1825 (Stiftung Weimarer Klassik, Goethe-Nationalmuseum; Aufnahme: S. GESKE).

Abb. 84: Der Hausgarten heute (Stiftung Weimarer Klassik, Goethe-Nationalmuseum; Aufnahme: S. GESKE).

II.18 GOETHE als Gartengestalter – das Luisenfest

Von den frühen Jahren seines Aufenthaltes in Weimar an bemühte sich GOETHE auch intensiv um den Ausbau und die Gestaltung

der Weimarer Parkanlagen. Ein letzter Anstoß kam im Frühjahr 1778 durch einen Besuch des Wörlitzer Parks während einer Reise mit Großherzog CARL AUGUST nach Berlin. Der in den Jahren 1769 bis 1773 als Sommersitz des Herzogs FRANZ VON DESSAU im Stil der englischen Landschaftsgärten von dem Kieler Philosophieprofessor und Gartenkünstler CHRISTIAN HIRSCHFELD gestaltete Park weckte GOETHES Interesse an der Gartenkunst, wie er später selbst feststellte. So beeinflußte er den sich über das Ilmtal ausdehnenden Weimarer Park sowie die Schloßparks Belvedere und Tiefurt und einige kleinere Anlagen.

Seinen Anfang nahm der Weimarer Park dieser Jahre mit dem „Luisenfest“, das am Namenstag der Herzogin LUISE am 9. Juli 1778 gefeiert wurde. In nur drei Tagen erbaute GOETHE zusammen mit dem Hofgärtner GENTZSCH eine „Einsiedelei“, die aus einer strohgedeckten Hütte und einem zu einem Glockentürmchen umgebauten Pulvertum bestand; beide Gebäude waren durch ein ruinenartig gestaltetes Mauerstück verbunden (Abb. 85). Hier beging die Hofgesellschaft den Namenstag, bei der die Herzogin von einer Gruppe von „Klosterbrüdern“ empfangen wurde, unter denen sich neben CARL AUGUST auch GOETHE befand. In dem bei diesem Anlaß gespielten „Dramolett“ wurde er mit den Worten „Dieser ist der Pater Dekorator, der all' unserm Bauwerk und Gärten steht vor“ eingeführt. In diesem Sinn nennt WIELAND die in den nächsten Jahren entstehenden Parkanlagen

Abb. 85: Luisenkloster oder Einsiedelei im Weimarer Park. Tuschlavierte Feder- und Kreidezeichnung GOETHES, 1780 (Stiftung Weimarer Klassik, Goethe-Nationalmuseum, Goethes Kunstsammlung, Inv.Nr.: 1939; Aufnahme: S. GESKE).

begeistert „neue Goethesche Gedichte", wobei dessen Einfluß insgesamt überschätzt wurde, denn GOETHES Interesse an der Parkgestaltung ließ in der Zukunft bald nach und beschränkte sich auf die Mitwirkung beim Entwurf der Parkbauten (GÜNTHER 1993). Unmittelbar auf ihn geht die „Felsentreppe" im Ilmtal zurück, die an der Stelle errichtet wurde, wo das Hoffräulein CHRISTINE VON LASBERG aus Liebeskummer im Januar 1778 den Tod im Fluß gesucht hatte (Abb. 86).

II.19 GOETHE als Besucher und Förderer von Gärten

Neben seinen eigenen Gärten waren bei jeder sich bietenden Gelegenheit andere Gartenanlagen Ziel von GOETHES Besuchen. Nur der Vollständigkeit halber soll hier der Botanische Garten von Jena genannt werden, der mit GOETHES Unterstützung gegründet wurde und der immer wieder sein Aufenthaltsort bei Besuchen in dieser Stadt war. Wir finden ihn als Besucher zahlreicher anderer Botanischer Gärten wie Padua, Dresden, Göttingen, Karlsruhe und anderswo.

Anregungen für eigene gartenarchitektonische Aktivitäten bei der Gestaltung der Parkanlagen Weimars erhielt er vor allem in dem berühmten Park Wörlitz, den er insgesamt achtmal besuchte.

Aus der großen Zahl anderer Anlagen können hier nur einige genannt werden wie der Giardino Giusti (Verona), die Parks bzw. Schloßgärten von Teplitz, Schwetzingen oder auch Biebrich. Nahezu kaum zu zählen sind die Privatgärten, die in den Tage-

Abb. 86: Felsentreppe im Weimarer Park. Tuschlavierte Bleistiftzeichnung GOETHES, 1777 (Stiftung Weimarer Klassik, Goethe-Nationalmuseum, Goethes Kunstsammlung, Inv.Nr.: 1923; Aufnahme: S. GESKE).

büchern erwähnt wurden. Manche Namen tauchen immer wieder auf, besonders in und um Weimar oder die böhmischen Bäder Karlsbad und Marienbad. Immer wieder erregten neue Pflanzen oder auch gestalterische Momente das Interesse des „Augenmenschen“ GOETHE. Anlässe waren zum Beispiel im WEDELschen Garten eine blühende *Stapelia*, im HARRASschen Garten besonders hübsche Alstroemerien oder beim Obristen VON LYNCKER blühende Engelstrompeten (*Brugmansia*) – diese Liste ließe sich beliebig verlängern.

II.20 Der Titel des Heftes

GOETHE-Kennern wird es sicher aufgefallen sein – der Titel dieser Ausstellung stammt weder aus den naturwissenschaftlichen Schriften noch aus deren unmittelbarem Umkreis. Vielmehr findet sich das Gedicht mit der Kopfzeile „In tausend Formen magst du dich verstecken“ im „West-Östlichen Divan“, dem Alterswerk GOETHES aus dem Bereich der Lyrik. Hier beschließt es das Buch „Suleika“, das auch Gedichte einschließt, die von MARIANNE VON WILLEMER stammen. In diesem der Liebe und der Beziehung GOETHE – MARIANNE VON WILLEMER gewidmeten Buch bezieht sich die Zeile natürlich auf die Geliebte: alles Erschaffene wird zu ihrem Abbild, sie ist allgegenwärtig.

Dennoch erlaubt es die Vieldeutigkeit, die „Inkommensurabilität“ des Schaffens des bedeutendsten Autors der deutschen Sprache, diese Zeilen auch auf sein Verhältnis zur Natur zu beziehen.

Es soll daneben eine Verbeugung vor dem Morphologen WILHELM TROLL sein, zu dessen „Enkelgeneration“ der Autor dieser Ausstellung zählt. In der von TROLL besorgten Ausgabe der Schriften GOETHES zur Biologie (1926) beschließen einige Strophen dieses Gedichtes den Text.

So soll das gesamte Gedicht am Schluß dieser Publikation stehen. Mögen die Zeilen Anregung sein, GOETHE nicht nur in Feierstunden zu preisen oder im Vorübergehen auf sich wirken zu lassen, sondern sich seine Werke tatsächlich auch lesend anzueignen.

Verein

für

Blumistik und Gartenanlagen in Weimar

1829.

Protectorin:

Ihro Kaiserl. Hoheit die regierende Frau Großherzogin von Sachsen-Weimar-Eisenach.

Ehrenmitglied:

Herr Geheime Rath von Göthe, Excellenz, hier.

Vorstand:

Vorsteher: Herr Secretär Kirscht.
Ausschußpersonen: Herr Hofgärtner Fischer.
— Cammerrath Hercher.
— Kunstgärtner Mootz.
Secretär: Herr Hofadvocat Stäps.
Cassirer: Herr Hofrevisor Geist.

Abb. 87: GOETHE wurde zum alleinigen Ehrenmitglied des 1829 gegründeten „Vereins für Blumistik und Gartenanlagen in Weimar“ ernannt. Nach CARL AUGUSTS Tod (1828) übernahm Großherzogin MARIA PAWLOWNA die Schirmherrschaft (Nach BALZER 1966).

In tausend Formen magst du dich verstecken
Doch, Allerliebste, gleich erkenn' ich dich;
Du magst mit Zauberschleiern dich bedecken,
Allgegenwärt'ge, gleich erkenn ich dich.

An der Zypresse reinstem, jungen Streben,
Allschöngewachsne, gleich erkenn' ich dich;
In des Kanales reinem Wellenleben,
Allschmeichelhafte, wohl erkenn' ich dich.

Wenn steigend sich der Wasserstrahl entfaltet,
Allspielende, wie froh erkenn' ich dich;
Wenn Wolke sich gestaltend umgestaltet,
Allmannigfalt'ge, dort erkenn' ich dich.

An des geblümten Schleiers Wiesenteppich,
Allbuntbesternte, schön erkenn' ich dich;
Und greift umher ein tausendarm'ger Eppich,
O Allumklammernde, da kenn' ich dich.

Wenn am Gebirg der Morgen sich entzündet,
Gleich, Allerheiternde, begrüß' ich dich,
Dann über mir der Himmel rein sich ründet,
Allherzerweiternde, dann atm' ich dich.

Was ich mit äußerm Sinn, mit innerm kenne,
Du Allbelehrende, kenn' ich durch dich;
Und wenn ich Allahs Namenhundert nenne,
Mit jedem klingt ein Name nach für dich.

Literaturhinweise

Hinweis: Die Fülle der GOETHE-Literatur ist kaum überschaubar. Das gilt auch für den hier behandelten Themenkreis. So soll hier nur eine kleine Auswahl an Titeln vorgestellt werden, die in der Regel über den Buchhandel bzw. das öffentliche Bibliothekssystem erhältlich sind. Bürger Frankfurts befinden sich in einer besonders begünstigten, fast beneidenswerten Situation: während in der Senckenbergischen Bibliothek der Stadt- und Universitätsbibliotheken an der Bockenheimer Warte auch alte und wertvolle naturwissenschaftliche Titel einsehbar sind, beherbergt die Bibliothek des „Freien Deutschen Hochstifts" (beim GOETHE-Haus) einen überaus reichen Bestand an Literatur zu Frankfurts bedeutendstem Sohn.
Texte GOETHES werden entweder nach der Weimarer Sophienausgabe (Weimar 1887-1919; Nachdruck München 1987) oder der Leopoldina-Ausgabe der „Schriften zur Naturwissenschaft" (Weimar 1945 ff; 1. Abt., Bd. 9 und 10, 2. Abt., Bd. 9A, 9B und 10A) zitiert.

AHRENDT, D. & AEPFLER, G. (1994): GOETHES Gärten in Weimar. – Leipzig.

BALZER, G. (1950): Die Geschichte einer GOETHE-Pflanze (*Anthericum comosum* oder Sternbergs Grünlilie). JB Goethe-Ges. NF 12: 310-332.

– (1966): GOETHE als Gartenfreund.- München.

BOJANOWSKI P. V. & RULAND, C. (1898): Hundert und vierzig Jahre Weimarische Geschichte in Medaillen und Medaillons 1756 – 1896.- Weimar.

CONRADY, K.O. (1994): GOETHE. Leben und Werk. – München und Zürich.

FRIEDENTHAL, R. (1963): GOETHE – Sein Leben und seine Zeit. – München.

FROEBE, H.A. (1985): GOETHES Morphologie der Pflanzen – Ihre Stellung in der Entwicklung der Botanik. – Hoppea, Denkschr. Regensb. Bot. Ges. 44: 345-371.

FROEBE, H.A. & CLASSEN-BOCKHOFF, R. (1994): Das trialektische Typuskonzept der botanischen Morphologie. – in: GUTMANN, W.F., MOLLENHAUER, D. & PETERS, D.ST. (eds.): Morphologie & Evolution. Symposium zum 175jährigen Jubiläum der Senckenbergischen Naturforschenden Gesellschaft, pp. 143-167. Frankfurt am Main.

GRAU, J, (1994): Erlebte Botanik – MARTIUS als Wissenschaftler. – in HELBIG, J. (1994; s. dort).

GOETHE, J.W. (1995): Sollst mir ewig Suleika heißen. GOETHES Briefwechsel mit MARIANNE und JOHANN JAKOB WILLEMER; herausgegeben von H.J. WEITZ. – Frankfurt am Main.

GOTHEIN, M. L. (1926): Geschichte der Gartenkunst. 2. Bd.: Von der Renaissance in Frankreich bis zur Gegenwart. – Jena.

GÜNTHER H. (ed.) (1993): Gärten der Goethezeit. – Leipzig.

HELBIG, J. (Hrsg.) (1994): Brasilianische Reise 1817 – 1820. CARL FRIEDRICH PHILIPP MARTIUS zum 200. Geburtstag. – München.

HANSEN, A (1907): GOETHES Metamorphose der Pflanzen. Geschichte einer botanischen Hypothese. 2 Teile (Text- und Tafelband). – Gießen.

HANSEN, A. (1919): GOETHES Morphologie. – Gießen.

IPSER, K. (1987): Mit GOETHE in Italien – Eine historische Reise. – Herrsching, Bern.

KAHLER, M.-L. (1970): GOETHES Herbarium. – JB Goethe-Ges. N.F. 32:292-313.

KAHLER, M.-L. & MAUL, G. (1991): Alle Gestalten sind ähnlich – GOETHES Metamorphose der Pflanzen. – Weimar.

KLESSMANN, E. (1992): CHRISTIANE, GOETHES Geliebte und Gefährtin. – Zürich.

KRÄTZ, O. (1998): GOETHE und die Naturwissenschaften. – München.

KUHN, D. (1962): Das Prinzip der autobiographischen Form in GOETHES Schriftenreihe „Zur Naturwissenschaft überhaupt, besonders zur Morphologie". – Neue Hefte zur Morphologie 4: 129-149; gekürzt nachgedruckt in KUHN 1988.

KUHN, D. (1988): Typus und Metamorphose. GOETHE-Studien. Herausgegeben von RENATE GRUMACH. – Marbach am Neckar.

KUHN, D. (1992): „Die Metamorphose der Pflanzen ward zur Herzenserleichterung geschrieben." – In: MANN, G., MOLLENHAUER, D. & PETERS, S. (Hrsg.): In der Mitte zwischen Natur und Subjekt. JOHANN WOLFGANG VON GOETHES Versuch, die Metamorphose der Pflanzen zu erklären. 1790-1990. – Frankfurt am Main (Senckenberg-Buch 66).

MARTIUS, A. VON (1932): GOETHE und MARTIUS. – Mittenwald.

MARTIUS, C.F.PH. VON (1823-1850): Historia naturalis palmarum I-III. – Leipzig

- (1840-1906): Flora brasiliensis, sive enumeratio plantarum in Brasilia hactenus detectarum. Band 1–15 (in 40 Teilen). – Leipzig.

NEES VON ESENBECK, C.G. & VON MARTIUS, C.F.P. (1823): *Goethea*, novum plantarum genus, a Serenissimo Principe Maximiliano, Neovidensi, ex itinere Brasiliensi relatum descripserunt et cum affinibus e Malvacearum familia naturali composerunt. – Nov. Acta Acad. Caes. Leop.-Carol. Germ. Nat. Cur. 11: 89-102, pl. 7-9.

RUPPERT, H. (1958): Goethes Bibliothek. Katalog. – Weimar.

SCHMID, G. (1934): Pietra fungaja. Ein mykologischer Briefwechsel GOETHES. – Zeitschr. f. Pilzk., N.F. 13:

71-81, 110-118, 140-151.
SCHMID, G. (1940): GOETHE und die Naturwissenschaften – Eine Bibliographie. – Halle.
SCHMID, G. (1942): Der Enzian – Zur Frühgeschichte der Goethischen Botanik. – Jb Goethe Ges. NF 7: 16-41.
SCHMID, H. & SCHMOLL, H. gen. EISENWERTH (Hrsg.) (1994): Ginkgo: Ur-Baum und Arzneipflanze; Mythos, Dichtung und Kunst. – Stuttgart.
SCHMÖLDERS, C. (Hrsg.) (1989): Mit Goethe durch den Garten. Ein Abc für Gartenfreunde. – Frankfurt am Main.
SCHNECKENBURGER S. (1996): *Goethe cauliflora* NEES. – Der Palmengarten 60/2:1-9.
SENGLE, F. (1998): Das Genie und sein Fürst. Die Geschichte der Lebensgemeinschaft GOETHES mit dem Herzog CARL AUGUST. – Stuttgart und Weimar.
STEIGER, G. (1982): Diesem Geschöpfe leidenschaftlich zugetan. *Bryophyllum calycinum*. GOETHES „pantheistische Pflanze". – Jena.
STOPP, K. (1956): Die Samendrift von *Entada*. – Neue Hefte zur Morphologie 2: 77-81.
TROLL, W. (1928): Organisation und Gestalt im Bereich der Blüte. – Berlin.
TROLL, W. (1937-1943): Vergleichende Morphologie der höheren Pflanzen. Bd. I, 1. – 3. Teil. – Berlin.
TROLL, W. (1954): Keimung und Blattbildung von *Entada scandens*. – Neue Hefte zur Morphologie 1: 13-50.
TROLL, W. (1962): Über die „Prolificität" von *Chlorophytum comosum*. – Beitrag zur Kenntnis einer GOETHE-Pflanze. Neue Hefte zur Morphologie 4: 9-68; 15 Tafeln.
TROLL W. & WOLF, K.L. (1950): GOETHES morphologischer Auftrag. Versuche einer naturwissenschaftlichen Morphologie. – Die Gestalt 1: 1-76
UNSELD, S. (1993): GOETHE und seine Verleger. – Frankfurt am Main.
UNSELD, S. (1998): GOETHE und der *Ginkgo*. Ein Baum und ein Gedicht. – Frankfurt am Main.
USCHMANN, G. (1980): CHRISTIAN GOTTFRIED NEES VON ESENBECK (1776 – 1858), XI. Präsident (1818-1858) der Akademie. – Leopoldina (R.3) 22. 1976: 173-190.
WIED-NEUWIED, Prinz MAXIMILIAN ALEXANDER PHILIPP (1823/24): Beitrag zur Flora Brasiliens. – pars 1: Nov. Acta Acad. Caes. Leop.-Carol. Germ. Nat. Cur. 11(1): 1-88, pl. 1-6 (1823), pars 2: Nov. Acta Acad. Caes. Leop.-Carol. Germ. Nat. Cur 12(1): 1-54, pl. 1-8 (1825)

Danksagung

Für das Zustandekommen der Ausstellung und des Begleitheftes sei verschiedenen hilfsbereiten Personen gedankt: Zuerst sollen meine Lehrer, Herr Prof. Dr. ALBRECHT SIEGERT (Mainz) und Herr Prof. Dr. DIMITRI HARTL (ehemals Mainz) genannt werden, die mich in die Morphologie ein- und damit auch auf GOETHE hinführten. Besonders soll Frau Professorin Dr. DOROTHEA KUHN (Marbach) für Hinweise und praktische Hilfe bedankt sein. Auch Frau GISELA MAUL (Stiftung Weimarer Klassik) hat durch die Vermittlung zahlreicher Abbildungsvorlagen einen großen Anteil am Zustandekommen dieser Publikation. Herrn Professor Dr. CHRISTOPH PERELS, Frau Dr. PETRA MAISAK (Freies Deutsches Hochstift – Goethe Museum Frankfurt) und Frau URSULA EDELMANN seien ebenfalls für die Überlassung von Abbildungsvorlagen bedankt. Aus dem gleichen Grund bin ich Herrn Prof. Dr. W. BARTHLOTT (Bonn), Herrn Prof. Dr. JÜRKE GRAU (München), Frau Stud. Dir. i.R. INGE BEIMS (Darmstadt), Frau Doz. Dr. habil. HELGA DIETRICH (Jena), Prof. Dr. ULLRICH MASCHWITZ, HANS TRAXLER (beide Frankfurt) und dem Botanischen Garten Padua zu Dank verpflichtet. Danken möchte Frau Dipl. Ing. INGE FREYTAG (Darmstadt) und dem Palmengarten Frankfurt, besonders Herrn Direktor PD Dr. MATTHIAS JENNY, Frau Dr. HILKE STEINECKE und Fau KAROLA SUHRMANN für ihre Unterstützung. Herr KARL WÄLKE (Darmstadt) hat mich auf einige wichtige Details hingewiesen und mir mit Literatur und Gesprächen zur Seite gestanden. In Fragen des Mt. Goethe hat Frau BIRGIT AIKMAN (Auckland) freundlicherweise in Neuseeland recherchiert. Mitgliedern des „Freundeskreises des Botanischen Gartens Darmstadt" danke ich für einige Bände der „Leopoldina-Ausgabe".

Frau Dipl. Bibliothekarin NICOLE KRÜGER (Darmstadt) und meinem Vater, Herrn Dr. FERDINAND SCHNECKENBURGER danke ich dafür, daß sie sich den Mühen des Korrekturlesens unterzogen haben.

Meiner lieben Frau und meinen Söhnen danke ich abschließend ganz besonders für die Geduld, die sie meinen manchmal ausufernden Beschäftigungen entgegenbringen. Deshalb sei Ihnen dieses Heft auch gewidmet.

Der Palmengarten im Goethejahr 1999

MATTHIAS JENNY

„Weltbürger GOETHE – Weltoffenes Frankfurt“. Unter diesem Motto feiert Frankfurt am Main 1999 den 250. Geburtstag von JOHANN WOLFGANG VON GOETHE. Bei einer repräsentativen Befragung von über 1500 Frankfurtern stellte sich heraus, daß 82% der Bevölkerung das Goethe-Jubiläum für ein bedeutendes Ereignis halten, sogar 88% wollen, daß die Stadt diesen Geburtstag würdig feiert. Als Dichter ist Goethe bei 90% der Frankfurter Bevölkerung bekannt, immerhin 51% kennen sein Wirken als Naturforscher.

Für das Naturmuseum und Forschungsinstitut Senckenberg und den Palmengarten lag es daher auf der Hand, daß neben GOETHE‘s literarischen auch die naturwissenschaftlichen Leistungen eine besondere Würdigung verdienen. Die beiden in der Bevölkerung tief verankerten Frankfurter Institutionen sind dazu prädestiniert, den Naturwissenschaftler GOETHE einem breiten Publikum zugänglich zu machen. Während sich das Naturmuseum Senckenberg nach dem Motto „Quer durch Europa“ mit GOETHE auf naturwissenschaftliche Reisen begibt, lädt der Palmengarten zur Ausstellung „In tausend Formen magst du dich verstecken – Goethe und die Pflanzenwelt“ ein. An Pfingsten wird zusätzlich der Goethegarten eröffnet, ein Ort zum erbaulichen Verweilen:

Der Zufall will es, oder eine freundliche Fügung, daß eine Streuobstwiese der Goethemutter AJA TEXTOR, damals noch vor der Stadt gelegen, heute sich unmittelbar neben dem Tropicarium mitten im Palmengarten befindet. Es liegt nahe und auf der Hand, daß diese im 17. Jahrhundert von GOETHES Mutter praktisch genutzte Stelle als dauerhafte Erinnerungsstätte an den Pflanzenliebhaber GOETHE und seine Mutter AJA 1999 neu gestaltet wird.

Der Goethegarten im Palmengarten soll keinen historischen Garten aus der Goethezeit imitieren, sondern durch kurze Zitate aus GOETHES Werk und durch Pflanzen, die er mochte oder die ihn inspirierten, an den Dichter erinnern. Eine Pergola, Wasser und die Statue der Goethemutter mit ihrem Sohn werden die Gestaltungselemente des Gartens sein.

Der Goethegarten wird dauerhaft an den berühmten Frankfurter Dichter erinnern. Wir danken der Allianz Stiftung zum Schutz der Umwelt für dieses Geschenk an den Palmengarten und die Stadt Frankfurt am Main. Unseren Besuchern wünschen wir besinnliche Stunden auf der Streuobstwiese der Goethemutter.

Daß Goethe mehr als nur wissenschaftliches Interesse an Pflanzen hatte, sondern schon früh einem Garten auch erholsame und kulinarische Aspekte abgewinnen konnte, zeigt der folgende Abschnitt aus Dichtung und Wahrheit:

„Vor diesen didaktischen und pädagogischen Bedrängnissen flüchteten wir gewöhnlich zu den Großeltern. Ihre Wohnung lag auf der Friedberger Gasse und schien ehmals eine Burg gewesen zu sein: denn wenn man herankam, sah man nichts als ein großes Tor mit Zinnen, welches zu beiden Seiten an zwei Nachbarhäuser stieß. Trat man hinein, so gelangte man durch einen schmalen Gang endlich in einen ziemlich breiten Hof, umgeben von ungleichen Gebäuden, welche nunmehr alle zu *einer* Wohnung vereinigt waren. Gewöhnlich eilten wir sogleich in den Garten, der sich ansehnlich lang und breit hinter den Gebäuden hin erstreckte und sehr gut unterhalten war, die Gänge meistens mit Rebgeländer eingefaßt, ein Teil des Raums den Küchengewächsen, ein andrer den Blumen gewidmet, die vom Frühjahr bis in den Herbst in reichlicher Abwechslung die Rabatten sowie die Beete schmückten. Die lange, gegen Mittag gerichtete Mauer war zu wohlgezogenen Spalier-Pfirsichbäumen genützt, von denen uns die verbotenen Früchte den Sommer über gar appetitlich entgegenreiften. Doch vermieden wir lieber diese Seite, weil wir unsere Genäschigkeit hier nicht befriedigen durften, und wandten uns zu der entgegengesetzten, wo eine unabsehbare Reihe Johannis- und Stachelbeerbüsche unserer Gierigkeit eine Folge von Ernten bis in den Herbst eröffnete. Nicht weniger war uns ein alter, hoher, weitverbreiteter Maulbeerbaum bedeutend, sowohl wegen seiner Früchte als auch, weil man uns erzählte, daß von seinen Blättern die Seidenwürmer sich ernährten. In diesem friedlichen Revier fand man jeden Abend den Großvater mit behaglicher Geschäftigkeit eigenhändig die feinere Obst- und Blumenzucht besorgend, indes ein Gärtner die gröbere Arbeit verrichtete. Die vielfachen Bemühungen, welche nötig sind, um einen schönen Nelkenflor zu erhalten und zu vermehren, ließ er sich niemals verdrießen. Er selbst band sorgfältig die Zweige der Pfirsichbäume fächerartig an die Spaliere, um einen reichlichen und bequemen Wachstum der Früchte zu befördern. Das Sortieren der Zwiebeln von Tulpen, Hyazinthen und verwandten Gewächsen sowie die Sorge für Aufbewahrung derselben überließ er niemanden; und noch erinnere ich mich gern, wie emsig er sich mit dem Okulieren der verschiedenen Rosenarten beschäftigte. Dabei zog er, um sich vor den Dornen zu schützen, jene altertümlichen ledernen Handschuhe an, die ihm beim Pfeifergericht jährlich in Triplo überreicht wurden, woran es ihm deshalb niemals mangelte. So trug er auch immer einen talarähnlichen Schlafrock und auf dem Haupt eine faltige schwarze Sammetmütze, so daß er eine mittlere Person zwischen Alkinous und Laertes hätte vorstellen können.

Alle diese Gartenarbeiten betrieb er ebenso regelmäßig und genau als seine Amtsgeschäfte: denn eh er herunterkam, hatte er immer die Registrande seiner Proponenten für den andern Tag in Ordnung gebracht und die Akten gelesen."

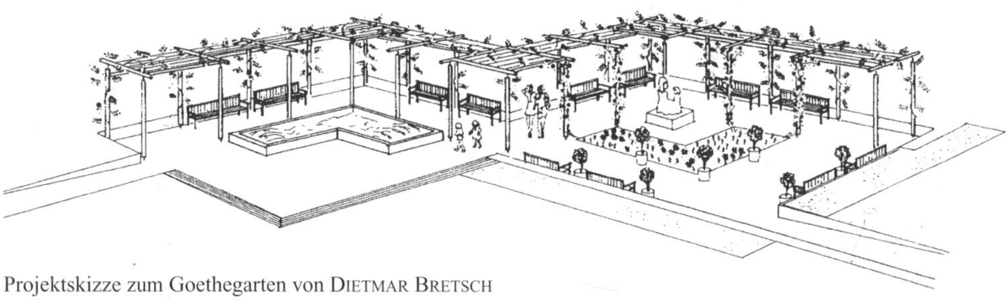

Projektskizze zum Goethegarten von Dietmar Bretsch